云南财经大学博士学术基金全额资助出版

Steiner树相关优化问题研究

王海燕　编著

U0280458

机械工业出版社

本书作者致力于将Steiner树问题的研究与网络构建问题相结合，系统地探讨Steiner树问题的多种变形及其构建策略。本书具体涵盖欧几里得平面上Steiner树构建的两大核心问题：最小费用Steiner点和边问题（简称MCSPE）以及最小费用Steiner点和材料根数问题（简称MCSPPSM）。本书讨论了网格分层思想，在平面Steiner树构建问题中的应用，并深入探讨了欧几里得平面上满Steiner树构建的多种方式，包括欧几里得平面上满Steiner树构建问题（简称MLFST）、材料根数最少的满Steiner树构建问题（简称MNFST）、最少Steiner点限制性满Steiner树构建问题（简称MNSCFST）以及最少Steiner点、边费用限制性满Steiner树构建问题（简称MCSLCFST）。最后，本书对欧几里得平面上满Steiner树扩展问题进行了详尽分析。通过这些深入的研究，本书极大地丰富了Steiner树问题的理论体系。

本书既可作为研究生学习Steiner树问题的专业参考书，也是科技与工程技术人员在研究管线铺设等材料构建问题时不可或缺的参考手册。

图书在版编目（CIP）数据

Steiner 树相关优化问题研究 / 王海燕编著.
北京 ：机械工业出版社，2024. 10. -- ISBN 978-7-111-76723-7

Ⅰ.O181

中国国家版本馆 CIP 数据核字第 2024G6U643 号

机械工业出版社（北京市百万庄大街 22 号 邮政编码 100037）

策划编辑：汤 嘉　　　　　　　　责任编辑：汤 嘉　张金奎
责任校对：郑 雪　李 婷　　　　封面设计：张 静
责任印制：常天培

北京机工印刷厂有限公司印刷

2024 年 10 月第 1 版第 1 次印刷

169mm×239mm・9.5 印张・173 千字

标准书号：ISBN 978-7-111-76723-7

定价：49.80 元

电话服务　　　　　　　　　　　　网络服务

客服电话：010-88361066　　　　机 工 官 网：www.cmpbook.com
　　　　　010-88379833　　　　机 工 官 博：weibo.com/cmp1952
　　　　　010-68326294　　　　金 书 网：www.golden-book.com
封底无防伪标均为盗版　　　　机工教育服务网：www.cmpedu.com

前　　言

Steiner 树问题是组合最优化理论研究中的一个经典问题，其起源可以追溯到 20 世纪初，并在过去二三十年中成为研究的热点。经典 Steiner 树问题及其各种推广形式均属于 NP-难问题，解决这些问题不仅具有理论意义，还在实际应用中发挥着重要作用。例如，在超大规模集成电路设计中，Steiner 树问题用于优化布线；在无线通信中，Steiner 树问题用于设计高效的通信网络等。

本书作者致力于将 Steiner 树问题的研究与网络构建问题相结合，系统地探讨以下主题：Steiner 树问题的几类变形和构建问题，比如欧几里得平面上 Steiner 树构建问题，即最小费用 Steiner 点和边问题（简记为 MCSPE），以及最小费用 Steiner 点和材料根数问题（简记为 MCSPPSM）；欧几里得平面上满 Steiner 树构建问题，即欧几里得平面上满 Steiner 树构建问题（简记为 MLFST），材料根数最少的满 Steiner 树构建问题（简记为 MNFST），最少 Steiner 点限制性满 Steiner 树构建问题（简记为 MNSCFST），最少 Steiner 点、边费用限制性满 Steiner 树构建问题（简记为 MCSLCFST）。通过这些研究，丰富了 Steiner 树问题的理论体系。

本书的编写参考了大量已出版的相关教材、著作和其他文献，汲取了众多前辈的研究精髓。同时在题材的选取和内容的组织上，力求创新，以期为读者提供一个全面而深入的视角。希望本书能够激发读者更多的研究兴趣，并在理论与实践之间架起一座桥梁，使理论研究更好地指导实际应用，同时让实际问题的解决推动理论的发展。

在此，我要特别感谢云南大学数学与统计学院的李建平教授。在我从事学术研究的过程中，他给予了我无尽的指导和支持，不仅在学术思路上为我指明方向，还在研究方法上提供了宝贵的建议。李教授的学术严谨性和创新精神对我产生了深远的影响。感谢云南财经大学统计与数学学院、云南财经大学科学技术处、云南财经大学云南省服务计算重点实验室给予的支持和帮助。

同时，我也要感谢我的家人，他们的理解和鼓励是我坚持不懈的动力源泉。此外，我还要感谢所有为本书的编写和出版做出贡献的同事、朋友和编辑，他们的无私帮助和支持使本书得以顺利面世。

最后，希望本书能够为从事相关研究的学者和学生提供有价值的参考，并能激发更多人对 Steiner 树问题及其应用的兴趣和研究热情。期待在未来的研究中，能够与各位读者共同探讨、共同进步。

本书的出版得到了云南财经大学博士学术基金的资助。

王海燕

2024 年 7 月

目　　录

第 1 章　图论与组合最优化简介

1.1　图论简介

图论的起源可以追溯到 18 世纪，瑞士数学家莱昂哈德·欧拉（Leonhard Euler）于 1736 年通过解决柯尼斯堡七桥问题奠定了图论的基础[1]。柯尼斯堡（现俄罗斯加里宁格勒）的普雷格尔河上有七座桥，欧拉的问题是寻找一种途径，使得一个人可以一次且仅一次通过每一座桥。欧拉通过将城镇的各个部分抽象为图中的顶点，而桥梁则表示为顶点之间的边，提出了图的概念。欧拉证明了对于任何连通图，如果存在一条路径使得每条边恰好经过一次，那么图中必须恰好有 0 个或 2 个奇度顶点。这个结果开创了图论这一新的数学领域。

欧拉的工作不仅解决了一个实际的地理问题，更重要的是，他展示了如何将现实世界的问题抽象成数学模型进行分析。这一开创性的方法为后来的数学家和科学家提供了一个全新的工具和视角。

19 世纪，图论的研究虽然发展缓慢，但仍有一些重要的概念和理论被提出并得到了探究。1857 年，英国数学家阿瑟·凯莱（Arthur Cayley）对树的性质进行了深入研究，特别是在化学中分子结构的树状形式，这为树论奠定了基础[2]。树是一种特殊的图，是一种无环连通图，即任意两个顶点之间有且仅有一条简单路径。凯莱的工作不仅仅限于数学理论，他还强调了树在化学中的应用，研究了有机化学中化合物的分子结构，为化学家提供了新的分析工具。

1847 年，德国数学家古斯塔夫·基尔霍夫（Gustav Kirchhoff）通过研究电路网络，引入了图的矩阵表示方法，这一方法在图论和电路理论中得到了广泛应用。基尔霍夫研究了电流和电压在电路中的分布，提出了基尔霍夫电流定律和电压定律，并通过图的矩阵形式表达电路的性质。这一研究不仅推进了物理学和电工程学的发展，也为后来的图论研究提供了新的方法[3]。

进入 20 世纪初，图论的发展进入了一个新的阶段。1930 年，波兰数学家卡齐米尔·库拉托夫斯基（Kazimierz Kuratowski）提出了库拉托夫斯基定理，为判定一个图是否为平面图提供了一个重要标准[4]。库拉托夫斯基定理指出，一个图是平面图当且仅当它不包含任何同胚于 K_5（完全图，五个顶点两两相连）或 $K_{3,3}$（完全二部图，两个顶点集，每个集包含三个顶点，集间每两个顶点相连）的子图。这个定理为平面图的研究奠定了理论基础。

1936 年，匈牙利数学家保罗·埃尔德什（Paul Erdős）和帕尔·图兰（Pál Turán）提出了极图理论，研究图的极值性质[5]。极图理论关注在给定条件下图的最大或最小性质，例如图的最大边数或最大度数。埃尔德什和图兰的工作揭示了图的结构和性质之间的深刻联系，为图论的进一步发展提供了重要的工具和方法。

20 世纪初，图论逐渐从一种抽象的数学理论变成了实用的工具，被应用于各种复杂系统的建模和分析。数学家们通过研究图的结构和性质，不仅解决了许多数学问题，还为计算机科学、工程学等领域提供了新的方法。

20 世纪中期，图论迎来了快速发展的时期，并与组合优化相互结合，产生了许多重要的研究成果。

1. 拟阵理论：1935 年，美国数学家哈斯勒·惠特尼（Hassler Whitney）提出了拟阵理论，用于抽象化图论中的独立性概念[6]。拟阵是一种数学结构，它推广了向量空间的线性独立性概念，广泛应用于图论和组合优化中。拟阵理论提供了处理独立集、基、回路等概念的框架，推动了图论和组合优化的进一步研究。

2. 网络流理论：1956 年，美国数学家莱斯特·R. 福特（L. R. Ford）和德尔伯特·R. 富尔克森（D. R. Fulkerson）提出了最大流-最小割定理，这是网络流理论的核心定理之一[7]。最大流问题涉及在一个流网络中找到从源点到汇点的最大流量，而最小割问题则是找到最小容量的割集，使得源点和汇点分离。最大流-最小割定理表明，这两个问题的最优解是相等的，这一结果在网络优化、交通流量、供应链管理等领域有重要应用。

3. 图的着色问题：图的着色问题是图论中的重要研究课题之一。1976 年，美国数学家肯尼斯·阿佩尔（Kenneth Appel）和沃尔夫冈·哈肯（Wolfgang Haken）

通过计算机证明了四色定理[8]。四色定理指出，任何平面图都可以用不超过四种颜色进行着色，使得相邻顶点具有不同的颜色。这个定理的证明首次展示了计算机辅助证明的力量，对图论的发展产生了深远影响。

在 20 世纪中期，图论不仅在理论上取得了重要突破，还在应用上展现出巨大的潜力。数学家们通过发展新的理论和方法，不断拓展图论的应用范围，解决了许多实际问题。

进入现代，图论已经成为许多科学和工程领域的重要工具。图论在各领域的应用广泛：

1. 计算机科学：图论在数据结构、算法设计、数据库和网络安全等方面有广泛应用。例如，最短路径算法（如 Dijkstra 算法）、最小生成树算法（如 Kruskal 和 Prim 算法）等都是基于图论的基本算法。在计算机网络中，图论用于设计高效的路由协议和网络拓扑结构，优化数据传输和资源分配。

2. 通信网络：图论用于设计和分析通信网络的拓扑结构，提高网络的可靠性和效率。网络路由问题、网络流量优化等都依赖于图论的理论和方法。例如，最小生成树用于构建网络的骨干结构，最大流算法用于优化网络的带宽分配。

3. 生物信息学：图论用于研究基因网络、蛋白质相互作用网络等生物系统。通过图论的方法，可以揭示生物分子之间的复杂关系，促进生命科学的发展。例如，我们对基因调控网络的分析可以揭示基因表达的调控机制，对蛋白质相互作用网络的研究有助于理解细胞功能和疾病机制。

4. 社会网络分析：图论用于分析社会网络中的关系结构，研究个体之间的社交联系、信息传播路径等。这些研究在社会学、市场营销和政治学等领域有重要应用。例如，社交网络中的社区发现算法可以揭示用户群体的兴趣和行为模式，信息传播模型用于分析消息在社交网络中的传播过程。

近年来，图论领域持续展现出蓬勃的研究活力，取得了一系列重要的学术进展，显著成果主要有以下几方面：

1. 谱图论的发展：谱图论通过研究图的谱（即图的拉普拉斯矩阵、邻接矩阵等的特征值和特征向量）揭示图的结构特性。近年来，谱图论在机器学习、数据挖掘和网络科学中得到了广泛应用。例如，图卷积网络（Graph Convolutional Network，简记为 GCN）利用谱图论的思想，进行图数据的分类和预测[9]。GCN 通过将图的结构信息与节点的特征结合，显著提高了图数据处理的效果。

2. 动态网络分析：随着网络数据的动态性增加，研究人员开发了许多方法用于分析动态网络。动态网络的节点和边会随时间变化，研究这些变化对于理解复杂系统中的动态行为至关重要。例如，时序图模型（Temporal Graph Models）被用于分析社交网络中的用户行为变化[10]。这些模型能够捕捉网络结构的时间演化，为动态网络的分析和预测提供了新的工具。

3. 超图的研究：超图是一种推广的图结构，其中的边可以连接多个顶点。超图在高阶数据关系建模中有重要应用。近年来，研究人员开发了多种算法用于超图的分割、匹配和覆盖等问题，这些算法在生物网络和社交网络中得到了应用[11]。例如，超图被用于基因组数据的分析，通过捕捉基因之间的高阶关系，揭示了新的生物学规律。

4. 随机图理论：随机图理论研究图的随机生成模型及其性质，近年来在网络科学中获得了新的应用。随机图模型被用于模拟和分析互联网、社交网络等大规模复杂网络的结构和演化[12]。这些模型能够模拟网络的随机性和复杂性，为理解和优化大规模网络提供了理论支持。

图论作为数学的一个重要分支，从起源至今，经历了高速的发展。图论不仅在理论上取得了诸多重要成果，也在计算机科学、通信网络、生物信息学和社会网络分析等应用领域发挥了关键作用。随着研究的不断深入，图论在未来的科学与工程领域中将继续发挥重要作用。

1.2　组合最优化简介

"运筹"一词，本指运用算筹，后引申为谋略之意。"运筹"最早出自汉高祖刘邦对张良的评价："运筹帷幄之中，决胜千里之外。"第二次世界大战时，英军首次邀请科学家参与军事行动研究 [Operations Research，在英国又称其为 Operational Research 或 Management Science（简称为 OR/MS）]，战后这些研究结果许多都用于其他用途，这便是现代"运筹学"的起源。

我国曾经在 1956 年使用过"运用学"的名称，并在 1957 年正式定名为"运筹学"。1980 年，我国成立了中国运筹学会（ORSC），并在 1982 年加入了国际运筹学联合会（IFORS）。

运筹学（Operations Research），是应用数学和形式科学的跨领域研究。它利用规划理论及离散方法来建立数学模型，再通过设计算法等手段，去寻找复杂问题中的最佳或近似最佳的方案或策略。运筹学经常用于解决现实生活中的复杂问题，特别是改善或优化现有的生产系统以提高生产效率。研究运筹学通常需要离散数学、矩阵论、随机算法和近似算法等基础知识作为铺垫；在应用方面，它多与物品分配、交通物流和算法等领域相关。显然，运筹学与应用数学和计算机科学等专业密切相关。

组合最优化（Combinatorial Optimization）是运筹学和计算机科学的一个重要分支，旨在通过数学模型和计算算法，在有限但巨大的解空间中寻找使某个目标函数达到最优的解。这类问题通常涉及对离散结构（如图、集合和序列等）的优化，具体来说，它们的解空间是离散的，而不是连续的。因此，组合最优化不仅需要考虑每一个可能的解，还需要设计有效的算法来在巨大且复杂的解空间中进行搜索和优化。

组合最优化问题的主要特征在于其解空间的离散性和解的组合性质。解空间的离散性意味着所有可能的解由一组有限的离散元素构成，而不是连续的。这使得问题的求解需要使用离散数学的方法，而不是连续优化中常用的微分和积分工具。解的组合性质则意味着解决方案通常是通过对问题元素进行某种组合或排列而获得的，这使得解空间通常非常庞大且复杂，需要设计有效的算法进行搜索和优化。解的这种离散和组合特性带来了计算复杂度和求解难度的显著增加，因此在研究和应用中需要特别关注算法的效率和有效性。

组合最优化在许多实际领域有广泛应用，常见的应用如下：

1. 物流和供应链管理：在物流领域，组合最优化主要用于车辆路径优化问题（Vehicle Routing Problem, 简记为 VRP），即为一组车辆找到最优路径以达到最小化运输成本和时间的目标。另一个应用是库存管理，通过优化库存水平来满足需求并最小化持有成本。

2. 网络设计和通信：在网络设计中，组合最优化主要用于最短路径问题（Shortest Path Problem, 简记为 SPP），例如，寻找数据包在计算机网络中的最优路径。在通信领域，优化网络流量以提高带宽利用率和减少延迟。

3. 生产计划和调度：在生产计划中，组合最优化主要用于车间作业调度（Job-Shop Scheduling），通过优化生产作业的顺序来达到最小化总生产时间和成本的目标。此外，项目管理中也利用组合最优化来优化任务分配和资源利用。

4. 金融和投资：在金融领域，组合最优化主要用于投资组合优化（Portfolio Optimization），即在风险和收益之间取得平衡，从而最大化投资回报。风险管理中，通过优化保险策略和对冲策略来最小化潜在损失。

解决组合最优化问题的一些常用软件工具包括：

1. IBM ILOG Cplex：一个用于求解线性规划问题和整数规划问题的商业求解器。Cplex 提供了强大的建模功能和高效的求解算法，广泛应用于工业界和学术界。

2. Gurobi：一个高性能的数学规划求解器，支持线性和非线性问题。Gurobi 以其速度和可靠性著称，能够处理大规模的优化问题。

3. Google OR-Tools：一个开源的运筹学工具库，支持多种优化问题的求解。OR-Tools 提供了丰富的功能和灵活的编程接口，适用于研究和实践中的各种优化问题。

4. 阿里云 MindOpt：一款先进的数学规划求解器，专为处理大规模优化问题而设计。它支持广泛的线性和非线性问题，以卓越的性能和高度可靠性著称。阿里云 MindOpt 融合了最新的优化算法和技术，旨在为用户提供高效、稳定的求解方案，满足复杂业务场景下的优化需求。

组合最优化通过数学模型和计算算法，为复杂的实际问题提供了科学的解决方案，提高了各领域的效率和效益。

组合最优化的特点是可行解的集合是有限点集，所以只要逐一比较有限个可行解的目标值的大小，该问题的最优解就一定可以得到[13]。然而，这样的枚举是以时间为代价的，有时枚举时间可以接受，有时可行解的数目可能是一个很大的数值，以至于当前或者相当长的一段时间内人力或者计算机不能承受，这样的枚举时间就不能够被接受。近些年来，许多学者都试图寻找解答各种组合优化问题的多项式时间算法，并且在一些问题上已经取得成功，比如最小支撑树问题、最短路径问题和网络最大流问题等。但是，对于一些问题，例如货郎担问题（Traveling Salesman Problem，简记为 TSP）和覆盖问题等等，目前还未找到这样的方法，这类问题便是 NP-难的。

P 对 NP 问题（P vs NP）是克雷数学研究所（Clay Mathematics Institute）高额悬赏的七个千禧年难题之一，同时也是理论计算机领域的最大难题，关系到计算机完成一项任务的速度到底有多快。P 对 NP 问题是 Cook 于 1971 年首次提出的，这里的 P 指的是多项式时间（Polynomial Time），P 问题是指能找到迅速（准确地说是多项式时间内）解决问题的算法；NP 指非确定性多项式时间（Nondeterministic Polynomial Time），NP 问题是指这个问题的解能够迅速（准确地说是在多项式的时间里）猜测并验证。目前，我们破解计算机加密系统相当于将一个整数分解为几个因数的乘积，正是因为其求解过程极其复杂，系统才能杜绝黑客的入侵。但是，如果 P = NP，那么每个答案很容易得到验证的问题也同样可以轻松求解。这将对计算机安全构成巨大的威胁。2010 年 8 月 7 日，美国惠普实验室的印度籍科学家 Deolalikar 声称已经解决了"P 对 NP 问题"，给出了 P ≠ NP 的答案，并且公开了证明过程，但是遗憾的是，Deolalikar 关于 P ≠ NP 的证明已被认定有误。

本书所研究的问题都是基于 P ≠ NP 这一猜想的。

1.3　预备知识

为了方便读者更好地理解本书，本节简单介绍了一些基本术语和符号，包括图论、组合最优化和近似算法等，更详细的介绍可参阅文献[14-25]。

1.3.1　图论

图论本身是应用数学的一部分，它以图为研究对象。图论中的图是由若干给定的点及连接两点的线所构成的图形，这种图形通常用来描述某些事物之间的某种特定关系，用点代表事物，用连接两点的线表示相应两个事物间具有这种关系。图论的广泛应用，促进了它自身的发展。20 世纪 40~60 年代，拟阵理论、超图理论、极图理论以及代数图论、拓扑图论等都有很大的发展。

下面介绍图论中的一些基本概念和符号。

定义 1.1　一个无向图 G 定义为一个二元关系组 (V, E)，一般简记为 $G = (V, E)$，其中 V 是非空的顶点集合，E 是 V 中不同元素的无序对的集合，称为边集。我们也经常研究边赋权图 $G = (V, E; w)$，其中 w 是 G 中边集 E 的权重函数，即 $w : E \to \mathbb{R}^+$。

定义 1.2 对于无向图 $G=(V,E)$，如果对任意 $x,y\in V$，都有 $xy\in E$，则称图 $G=(V,E)$ 是一个完全图。n 个点的完全图记为 K_n，它含有 $\dfrac{n(n-1)}{2}$ 条边。

定义 1.3 给定图 $G=(V,E)$，如果存在 V 的一个划分 X,Y，使得 G 的任何一条边的一个端点在 X 中，另一个端点在 Y 中，则称 G 为二部图 (Bipartite Graph)，记作 $G=(X\cup Y,E)$。

定义 1.4 给定二部图 $G=(X\cup Y,E)$，其中 $X\neq\varnothing$ 和 $Y\neq\varnothing$，并且 X 的每个顶点都与 Y 的每个顶点之间恰有一条边相连，则称 G 为完全二部图 (Complete Bipartite Graph)。若 $|X|=m$，$|Y|=n$，则完全二部图 $G=(X\cup Y,E)$ 记为 $K_{m,n}$。

定义 1.5 对于图 $G=(V,E;w)$，如果对任意 $x,y,z\in V$，都有 $w(xy)\leqslant w(xz)+w(zy)$ 成立，则称图 $G=(V,E;w)$ 是边权重满足三角不等式的完全图。

定义 1.6 对于无向图 $G=(V,E)$，$v\in V$ 的顶点度 (Vertex Degree) 定义为 G 中与 v 关联边的数目，记为 $\delta(v)$。

定义 1.7 对图 G 的任一顶点子集 S，所谓 G 中 S 的邻集 (或邻域) 是指与 S 的顶点相邻的所有顶点的集，记为 $N_G(S)$，简记为 $N(S)$。

定义 1.8 边集为空集的图称为空图 (Empty Graph)。至少有一条边的图称为非空图 (Nonempty Graph)。一个图的顶点数称为该图的阶 (Order)。

定义 1.9 设 $G=(V,E)$ 是一个无向图，G 中两个端点重合的边称为环 (Loop)；如果有两条边的端点是同一对顶点，则称这两条边为重边 (Multiple Edge)。既没有环也没有重边的图称为简单图 (Simple Graph)。

如果没有特别说明，本书只考虑简单图，故术语"图"一词总是指简单图。

定义 1.10 图 G 中的一条 $u-v$ 途径 (Walk) $W=u_0e_1u_1e_2\cdots u_{k-1}e_ku_k$（其中 $u=u_0,v=u_k$）是一个有限非空序列，由顶点和边交替地组成，边 $e_j=u_{j-1}u_j, 1\leqslant j\leqslant k$，$k$ 称为 W 的长，边各不相同的途径称为迹 (Trail)，顶点各不相同的途径称为链 (Chain)，或者路 (Path)。

定义 1.11 如果对于图 G 的任意两个顶点 v_i 和 v_j，G 中都存在 v_i-v_j 路，则称 G 是连通图 (Connected Graph)，否则为不连通图 (Disconnected Graph)。

定义 1.12 给定图 $G=(V,E)$，如果 G 是连通图，并且不含圈，称 G 是一棵树 (Tree)。通常，把树记为 $T=(V,E_T)$。在一棵树中，度为 1 的点称为叶子点，度大于 1 的点称为分支点。

定义 1.13   仅有一个顶点不是叶子的树称为星，n-星也可以表示为完全二部图 $K_{1,n}$。

定义 1.14   设 H 和 G 为两个图，若它们满足 $V(H) \subseteq V(G)$，且 $E(H) \subseteq E(G)$，则称 H 为 G 的子图 (Subgraph)。若 $V(H) = V(G)$，并且 $E(H) \subseteq E(G)$，则称 H 为 G 的支撑子图 (Spanning Subgraph)。

定义 1.15   若给定图 $G = (V, E)$，$T = (V_T, E_T)$ 是图 G 的一个子图，并且 T 是一棵树，则称 T 是图 G 的一棵子树 (Subtree)。

定义 1.16   若给定图 $G = (V, E)$，$T = (V, E_T)$ 是图 G 的一个支撑子图，并且 T 是一棵树，则称 T 是图 G 的一棵支撑树 (Spanning Tree)。

定义 1.17   如果无向图 $G = (V, E)$ 中存在经过所有边一次且仅一次，并且行遍图中所有顶点的通路，则这条通路称为欧拉通路；通过图中所有边一次且仅一次，行遍所有顶点的回路称为欧拉回路；具有欧拉回路的图称为欧拉图 (Euler Graph)；具有欧拉通路而无欧拉回路的图称为半欧拉图。

定义 1.18   如果无向图 $G = (V, E)$ 中存在经过每一个顶点恰好一次最后回到出发点的一条路，则称这条路为图 $G = (V, E)$ 的哈密顿 (Hamilton) 路。

定义 1.19   给定无向图 $G = (V, E)$，点子集 $R \subseteq V$，如果 T 是 G 的一个无圈连通子图，并且包含了 R 中的所有点，则称 T 是一棵 Steiner 树 (Steiner Tree)。其中，R 中的点称为端点 (Terminal Point)，$V \setminus R$ 中的点称为 Steiner 点 (Steiner Point)。特别地，如果 R 中的所有点都是 T 中的叶子点，此时称 T 为一棵满 Steiner 树 (Full Steiner Tree)。

定义 1.20   欧几里得距离 (Euclidean Distance) 也称为欧氏距离，是一个常用的距离定义，它是在 m 维空间中两个点之间的真实距离。特别地，在欧几里得平面 $\mathbb{R}^2$ 上，点 (x_1, x_2) 和 (y_1, y_2) 的欧氏距离 $d = \sqrt{(x_1 - x_2)^2 + (y_1 - y_2)^2}$。

定义 1.21   在欧几里得平面 $\mathbb{R}^2$ 上，给定 n 个端点的集合 $X = \{r_1, r_2, \cdots, r_n\}$，如果 $T = (V, E)$ 是连接了 X 中所有点的无圈连通子图，则称 T 是欧几里得平面 $\mathbb{R}^2$ 上的一棵 Steiner 树 (Steiner Tree)。其中，X 中的点称为端点 (Terminal Point)，$V \setminus X$ 中的点称为 Steiner 点 (Steiner Point)。特别地，如果 X 中的所有点都是 T 中的叶子点，此时称 T 为欧几里得平面 $\mathbb{R}^2$ 上的一棵满 Steiner 树 (Full Steiner Tree)。

1.3.2   组合最优化

最优化问题是运筹学中大多数分支研究的问题，它是在给定的约束条件之下，从问题的许多可能的解答中或者说在有限个可供选择的方案集合中，寻求某一（或某些）使目标函数达到极值的最优子集。最优化问题一般分为两类：一类是连续变量的问题，另一类是离散变量的问题。对于具有离散变量的问题，从有限个解中寻找最优解的问题就是组合最优化问题。

下面是组合最优化理论中的一些基本术语。

定义 1.22   一个最优化问题的一个实例（或例子）是一对元素 $(\mathcal{D}, c)$，其中 $\mathcal{D}$ 是一个集合或可行点的定义域，c 是费用函数或映射 $c : \mathcal{D} \to \mathbb{R}$，问题是求一个可行解 $f^* \in \mathcal{D}$，使得对一切可行解 $f \in \mathcal{D}$，都有不等式

$$c(f^*) \leqslant c(f) \quad (或者 c(f^*) \geqslant c(f))$$

成立，这样一个点 f^* 称为给定实例的整体（或全局）最优解，在不引起混淆的情况下，简称为最优解。

一个最优化问题，就是它的一些实例的集合。

定义 1.23   算法 (Algorithm) 是指一步步求解问题的通用程序，它是解决问题的程序步骤的清晰描述。

如果存在一个算法，它对问题的任何一个给定实例，在经过有限步之后，一定能够得到该实例的答案，那么我们称算法能解决该问题。算法是针对问题（而不是针对实例）来设计的。不同的算法可能用不同的时间来完成相同的任务，所以一个算法的优劣可以用时间复杂性来衡量。

定义 1.24   算法的运行时间是指在最坏情形下解决实例 $\mathcal{I}$ 所需的加、减、乘、除等基本运算的次数之和，一般用 $f(|\mathcal{I}|)$ 来表示，这里 $|\mathcal{I}|$ 表示实例 $\mathcal{I}$ 用二元代码表示的输入的长度。如果算法 $\mathcal{A}$ 的运行时间 $f(|\mathcal{I}|)$ 是关于 $\mathcal{I}$ 的多项式函数，则称算法 $\mathcal{A}$ 是多项式时间算法。

定义 1.25   在网络最优化中，通常把网络的顶点数 n 和弧数（或边数）m 以及权的最大值 C（按绝对值）等作为问题中实例的规模。由于正整数 C 的二进制代码的位数为 $\lceil \log C \rceil$ 或 $\lceil \log C \rceil + 1$，因此，网络最优化问题中的多项式算法就是复杂性为 n，m 和 $\log C$ 的多项式函数的算法。若一个算法的复杂性为 n 和

m 的多项式函数, 则称该算法为强多项式时间算法 (Strongly Polynomial-Time Algorithm)。若算法的复杂性是 n, m 和 C 的多项式函数, 则称这个算法为伪多项式时间算法 (Pseudo-Polynomial-Time Algorithm)。伪多项式算法不是多项式算法。

定义 1.26　假设 $\mathcal{A}_F$ 和 $\mathcal{A}_c$ 是多项式时间算法, 已知组合对象 f 和参数集合 M, 算法 $\mathcal{A}_F$ 便决定了 f 是不是由给定参数得到的可行解。另外, 已知可行解 f 和另一个参数集合 N, 算法 $\mathcal{A}_c$ 给出的费用为 $c(f)$。于是可以得到组合最优化问题的三种形式:

(1) 问题的最优化形式: 已知算法 $\mathcal{A}_F$ 和 $\mathcal{A}_c$ 的参数集合 M, N, 求最优可行解;

(2) 问题的计值形式: 已知算法 $\mathcal{A}_F$ 和 $\mathcal{A}_c$ 的参数集合 M, N, 求最优解的费用;

(3) 问题的判定形式: 已知实例, 即 M, N 的表达形式, 以及整数 z, 是否存在可行解 $f \in \mathcal{F}$, 使得 $c(f) \leqslant z$。

定义 1.27　P 类是所有存在多项式算法的判定问题的集合; NP 类是所有具有非确定性多项式算法的判定问题的集合, 也就是说, 若实例答案为 "是", 我们能够在多项式时间内给出证明 (即验证)。

可知, P 类 $\subseteq$ NP 类。

定义 1.28　假定 A_1 和 A_2 都是判定问题, 如果多项式时间可计算函数 $g: A_1 \to A_2$ 满足对所有的 x 有

$$x \in A_1 \Leftrightarrow g(x) \in A_2,$$

则称 g 为 A_1 到 A_2 的多项式归约。

如果 A_1 在多项式时间内归结为 A_2, 而 A_2 有多项式时间算法, 则 A_1 也有多项式时间算法。

定义 1.29　一个问题 A 是 NP-难的, 如果 NP 类中的任一问题都能多项式归约到 A, 并且问题 A 同时属于 NP 类, 则称该问题是 NP-完备的。

NP-完备问题具有下列性质:

(1) 任何 NP-完备问题都不能用任何已知的多项式算法求解;

(2) 若任何一个 NP-完备问题有多项式算法, 则一切 NP-完备问题都有多项式算法。

要想证明一个问题 A 是 NP-完备的，通常的方法是:

(1) 证明 $A \in$ NP;

(2) 选择一个已知的 NP-完备问题 B;

(3) 构造从 B 到 A 的变换 f;

(4) 证明 f 是一个多项式的变换。

定义 1.30 设 A 是以正整函数 c 为费用的一个最小（或者最大）最优化问题，而 $\mathcal{A}$ 是一个算法，使得对于 A 的任意给定实例 I，它会得到可行解费用 $c_{\mathcal{A}}(I)$，用 $OPT(I)$ 表示 I 的最优解费用，于是对于某个 $k \geqslant 1$，我们称 $\mathcal{A}$ 是问题 A 的 k-近似算法当且仅当对于所有实例 I，满足

$$\max\left\{\frac{c_{\mathcal{A}}(I)}{OPT(I)}, \frac{OPT(I)}{c_{\mathcal{A}}(I)}\right\} \leqslant k.$$

并且当 k 的上界为无穷大或者不能确定时，称算法 $\mathcal{A}$ 是 I 的一个启发式算法。

启发式算法是一种能在可接受的费用内寻找最好的解的技术，但不一定能保证所得解的最优性，甚至在多数情况下，无法阐述所得解同最优解的近似程度。有时候人们会发现在某些特殊情况下，启发式算法会得到很坏的答案或效率极差，然而造成那些特殊情况的数据结构，也许永远不会在现实世界出现。因此，现实世界中启发式算法常用来解决问题，而用启发式算法处理许多实际问题时通常可以在合理时间内得到不错的答案。

定义 1.31 如果一个最小（或者最大）最优化问题 A 存在一个多项式时间算法簇 $\{\mathcal{A}_\varepsilon\}$，对任意固定的 $\varepsilon > 0$，$\{\mathcal{A}_\varepsilon\}$ 的近似比都为 $1 + \varepsilon$（或者 $1 - \varepsilon$），则称 $\{\mathcal{A}_\varepsilon\}$ 为多项式时间近似方案（Polynomial-Time Approximation Scheme，简记为 PTAS）。如果问题 A 存在 PTAS，则称该问题属于 PTAS 类。

定义 1.32 设 A 是以非负函数 c 为费用的一个最小（或者最大）最优化问题，其规模为 n，而 $\mathcal{A}$ 是该最优化问题的一个算法，使得对于 A 的任意给定实例 I，它都会得到一个可行解，并设其费用为 $c_{\mathcal{A}}(I)$，用 $OPT(I)$ 表示 I 的最优解的费用，则对于某个 $k \geqslant 1$，称算法 $\mathcal{A}$ 是最优化问题 A 的一个 k-渐近近似算法当且仅当对于 A 的任意一实例 I，都有不等式

$$\lim_{n \to \infty} \max\left\{\frac{c_{\mathcal{A}}(I)}{OPT(I)}, \frac{OPT(I)}{c_{\mathcal{A}}(I)}\right\} \leqslant k$$

成立。

1.4 常见优化问题

组合最优化发展的初期，大多研究一些比较实用的属于网络极值方面的问题，如广播网的设计、开关电路设计、人员指派、货物装箱方案等。自从拟阵概念进入图论领域之后，对拟阵中的一些理论问题的研究成为组合规划研究的新课题，并得到广泛应用。现在应用的主要方面仍是网络上的最优化问题，如最短路问题、最大（小）支撑树问题、推销员问题等。

下面介绍本书中涉及的几类优化问题。

定义 1.33 给定连通图 $G = (V, E)$，$w(e)$ 是定义在 E 上的非负函数。最小支撑树问题就是寻找图 G 的一棵支撑树 T，使得 T 的权重 $w(T) = \sum_{e \in T} w(e)$ 在图 G 的所有支撑树中是最小的。

定义 1.34 给定赋权无向图 $G = (V, E; w)$，长度函数 $w: E \to \mathbb{R}^+$，顶点集 V 分成两个集合：端点集合 R 和 Steiner 点集合 S。要求在 G 中找到一棵长度最小的子树 T，使得 T 包含所有端点集合 R 中的点，T 可以包含 Steiner 点集合 S 中的部分点。我们称这个问题为 Steiner 树问题。

定义 1.35 给定赋权无向图 $G = (V, E; w)$，长度函数 $w: E \to \mathbb{R}^+$，顶点集 V 分成两个集合：端点集合 R 和 Steiner 点集合 S。要求在 G 中找到一棵长度最小的子树 T，使得 T 包含所有的指定点集合 R 中的点，T 可以包含 Steiner 点集合 S 中的部分点，并且 R 中的所有点都是 T 中的叶子点。我们称这个问题为满 Steiner 树问题。

定义 1.36 在欧几里得平面 $\mathbb{R}^2$ 上，给定 n 个端点的集合 $X = \{r_1, r_2, \cdots, r_n\}$，寻找一棵连接了 X 中所有端点的 Steiner 树 $T = (V, E)$（树上两点之间的长度定义为它们之间的欧几里得距离，并且该树允许添加给定端点集以外的点，称之为 Steiner 点），使得树 T 的总长度达到最小。我们称这个问题为欧几里得平面 $\mathbb{R}^2$ 上的 Steiner 树问题。

定义 1.37 在欧几里得平面 $\mathbb{R}^2$ 上，给定 n 个端点的集合 $X = \{r_1, r_2, \cdots, r_n\}$，寻找一棵连接了 X 中所有端点的 Steiner 树 $T = (V, E)$（树上两点之间的长度定义为它们之间的欧几里得距离，并且该树允许添加给定端点集以外的点，称之为 Steiner 点），使得 X 中的所有点都是树 T 中的叶子点，并且 T 的总长度达到最小。我们称这个问题为欧几里得平面 $\mathbb{R}^2$ 上的满 Steiner 树问题。

定义 1.38　给定赋权连通图 $G = (V, E; w)$，以及起点 s 和终点 t，在 G 中寻找一条从 s 到 t 的路 P_{st}，使得 $w(P_{st}) \leqslant w(Q_{st})$，这里 Q_{st} 是从 s 到 t 的任意一条路，$w(P) = \sum\limits_{e \in P_{st}} w(e)$，$w(Q) = \sum\limits_{e \in Q_{st}} w(e)$。我们称这个问题为最短路问题。

定义 1.39　给定 n 个物品的集合 $L = \{u_1, u_2, \cdots, u_n\}$ 需要装箱发送，物品 u_i 的大小 $w(u_i) \in (0, 1], i = 1, 2, \cdots, n$，有一些容量为 1 的箱子 $B_1, B_2, \cdots, B_m, \cdots$，每个物品只能装在一个箱子里面，且每个箱子中所装物品的大小之和不能超过 1，如何确定装箱方案使得装完这 n 个物品所需要用的箱子数目最小？我们称该问题为经典的一维装箱问题。

第 2 章　Steiner 树问题

　　组合最优化学科涵盖了众多问题，这些问题均源自生活实践，是对多种现实情境的一种抽象表达。该学科中任何一个问题的解决都可能对实际生产产生深远的影响。然而，另一方面，这类问题中的大多数都极为复杂，属于难以攻克的数学难题。传统的、高度抽象化的数学方法对于这些难题的解决往往显得力不从心，需要广泛的数学基础知识和深入的数学训练作为支撑。

2.1　Steiner 树问题的提出

　　Steiner 树问题是组合优化学科中的一个重要问题，它已经有很长的研究历史[26-27]。在探讨三个城镇间煤气供应站的最佳选址问题时，涉及了一个历史悠久的几何极值难题，即著名的费马问题（Fermat Problem），该问题由法国数学家皮埃尔·德·费马（Pierre de Fermat）于 1638 年在其关于极值求解的著作中首次提及。费马问题关注的是如何确定一个点，使得该点到给定三个点的距离之和达到最小，这在现代几何学中被视为最小 Steiner 树问题的一个特例。尽管费马本人可能已拥有该问题的解法，但其详细证明并未流传于世。随后，这一问题通过数学家马林·梅森（Marin Mersenne）的推广，引起了更广泛的关注，最终由埃万杰利斯塔·托里拆利（Evangelista Torricelli）给出了解决方案，从而揭示了费马问题的几何本质和求解方法。现代数学将费马问题归类为最小 Steiner 树问题的一个特殊情况，即在给定一组点（称为终端点）的情况下，寻找一个包含这些点在内的最小长度树。在费马问题的特定情境，即三个终端点的情况下，这个"树"退化为一个连接这三个点的路径，且路径上可能包含除终端点以外的额外点（即 Steiner 点），该点即为所求的最小距离和点 P。在学术研究中，求解费马问题（或更一般的最小 Steiner 树问题）的方法多种多样，包括但不限于几何变换、优化算法（如模拟退火、遗传算法等）以及基于图论和组合优化的方法。对于费马问题，特别是当涉及实际应用，如煤气供应站选址时，可以采用旋转、缩放等几何变换技巧，结合最小距离性质来构造并求解。综上所述，寻找三个城镇间煤气供应站的最佳选址问题，本质上是一个具有深厚历史背景和广泛学术意义的费马问题。通过运用现代数学工具和优化算法，我们可以有效地解决这一问题，为实际应用提供科学依据。

费马问题很容易推广到给定若干个端点的情况。其中，瑞士数学家 Steiner 将问题推广成：在平面上求一点，使得这一点到平面上给定的若干个端点的距离之和达到最小，这可以看作 Steiner 树问题的雏形。之后，德国的两位数学家 Weber 和 Wieszfeld 分别在 1909 年和 1937 年将该问题作为工厂选址问题提出来。Steiner 树问题得到进一步发展是由于 Courant 和 Robbins 在 1941 年的一本科普性读物《什么是数学》[28] 中提到了费马问题。书中说，Steiner 对此问题的推广是一种平庸的推广，要得到一个有意义的推广，需要考虑的不是引进一个点，而应是引进若干个点，使得引进的点与原来给定的点连成的网络最小。他们将这个新问题称为 Steiner 树问题，并给出了这一新网络的一些基本性质。也正是由于这本读物的热销，使得 Steiner 树问题引起了人们广泛的关注。其中，上世纪 60 年代发表的两篇重要文献，奠定了日后对 Steiner 树问题研究的基础：Melzak 首次给出了有关欧几里得 Steiner 树问题的一个有限简化[29]，提出了 Melzak 原始几何构造思想，从而揭开了研究 Steiner 树问题的历史新纪元。Gilbert 和 Pollak[30] 对 Steiner 树问题做了深入的研究，他们提出了许多新的课题，比如 Steiner 比问题，并且将欧几里得 Steiner 树问题扩展到了其他度量空间上。关于 Steiner 树问题有许多重要的开放式问题，比如说关于欧几里得 Steiner 比的 Gilbert-Pollak 猜想，更好的近似算法的存在性，PTAS 算法的存在性等等。因此，在九十年代这个问题的研究获得了更多的关注。一些成就不仅对于组合最优化理论中近似算法的设计和分析产生了深远的影响，还促使了许多重要应用的发现和研究，包括 VLSI 设计，无线最优通信网络等等。这些应用通常需要对经典 Steiner 树问题做一些改变，而我们需要一些新的技巧来解决它们。因此，Steiner 树及其各种推广与变形问题是过去二三十年研究的热点问题[31]。

在过去的十年里，Steiner 树问题的研究取得了显著进展，研究者们在算法设计、理论分析及实际应用方面均有突破性成果。在算法设计方面，基于最小生成树（Minimum Spanning Tree，简记为 MST）的近似算法得到了进一步优化，这些算法通常能在多项式时间内找到接近最优的解，利用更复杂的启发式规则和局部搜索技术提高了求解质量和计算效率[32]。迭代改进算法通过反复优化初始解表现出色，混合了模拟退火、禁忌搜索等技术的元启发式算法被广泛应用于解决大规模 Steiner 树问题[33]。在精确算法方面，分支定界法通过引入更有效的剪枝策略和启发式界限提高了效率，特别是在处理中小规模问题时显著缩短了求解时间[34]。此外，整数线性规划（Integer Linear Programming，简记为 ILP）方法通过预处理减少变量和约束数量，利用现代 ILP 求解器的性能提升和算法改进，使得 ILP 方法可以处理更大规模的问题[35-36]。近年来，特别是 2020 年之后，研究者们在利用强化学习和生物启发算法方面取得了新的进展，这些方法在特定场景下显示出显著的优势[37-38]。

在理论分析与实际应用方面，新的近似度分析进一步深化了对近似算法性能的理解，研究者们证明了一些新的近似界限，并在特定图类上提出了更具竞争力的近似算法[39-40]。在实际应用中，Steiner 树问题在通信网络和计算机网络设计中的应用仍然是一个活跃的研究领域，研究集中在优化云计算数据中心的网络布局和 5G 网络基础设施的设计[41-42]。在集成电路布局中，通过最小化布线长度和连接成本来提高电路性能和降低制造成本[43]。在生物信息学领域，Steiner 树问题帮助研究者理解复杂的生物系统，开发了用于分析大规模基因数据的新算法和工具[44-45]。此外，利用机器学习技术来预测和优化 Steiner 树问题的解成为新的研究热点，通过训练模型预测最优 Steiner 顶点的位置和边的选择，提高了求解效率和解的质量[37,46-47]。为了处理大规模的 Steiner 树问题，研究者们利用平行计算和分布式计算技术显著提高了计算效率，在大规模网络设计中通过分布式算法实现快速求解[48-49]。另外，最近的研究还提出了基于深度学习和遗传算法的混合方法，这些方法在处理复杂图结构和大规模网络问题时表现出色[47,50]。随着计算能力和算法技术的不断进步，Steiner 树问题的研究在未来仍将是一个活跃的领域，新的计算技术、优化算法和跨学科应用将进一步推动该领域的发展。

如果从西伯利亚修建一条天然气管道到上海，沿途向许多城市输送天然气，优化管道布局以最小化建设成本和输送损耗是至关重要的。天然气管道的建设和运营费用非常高，即使在设计上能够节约百分之一到百分之二的成本，也会带来极其可观的经济效益。这种优化不仅能够节省数以亿计的资金，还能提高输送效率，减少能源损耗，降低环境影响。因此，Steiner 树问题在这种大规模基础设施项目中具有非常重要的应用价值。通过科学合理的优化设计，可以提高经济和社会效益。

对 Steiner 树问题的研究主要包括四个方面：

1. 欧几里得 Steiner 树问题：该问题主要应用于平面几何中，目的是在给定的点集之间找到一棵最小生成树，使得总边长最短。欧几里得 Steiner 树问题广泛应用于水、电供应网络、排水网络以及通信网络等基础设施的优化设计中。

2. 直线 Steiner 树问题：该问题涉及在直线网络中优化连接点，以最小化总连接成本。直线 Steiner 树问题在超大规模集成电路设计（Very-Large-Scale Integration，简记为 VLSI）中的布线和建筑领域的公共事业等方面有着广泛应用。例如，在 VLSI 设计中，优化布线路径可以显著减少电路的延迟和功耗。

3. 网络 Steiner 树问题：该问题研究在网络图中如何选择中间节点和边，以最小化覆盖所有需求点的总成本。网络 Steiner 树问题同样应用于水、电供应网络、排水网络以及通信网络等领域，通过优化网络结构，提升效率和可靠性。

4. 进化 Steiner 树问题：该问题主要应用于生物分类学，通过构建进化树来分析不同物种之间的进化关系。进化 Steiner 树问题帮助生物学家理解复杂的生物系统和遗传关系，广泛应用于基因组分析和进化研究中。

其中，欧几里得 Steiner 树问题和网络 Steiner 树问题主要应用于水、电供应网络，排水网络，以及通信网络等的设计中；直线 Steiner 树问题应用于超大规模集成电路设计（VLSI）中的布线和建筑领域的公共事业等诸方面；进化 Steiner 树问题在生物分类学方面获得很好的应用[51]。Winter[52-53]、Hwang 和 Richards[54] 给出了以上各种 Steiner 树问题的详细综述。

对于一般图 $G = (V, E)$ 上的 Steiner 树问题，当给定的端点集 $X \subseteq V$ 满足 $|X| = |V|$ 时，Steiner 树问题就是经典的计算最小支撑树问题，而当 $|X| = 2$ 时，Steiner 树问题就变为求解图中两点之间最短路的问题。根据加权的对象不同，Steiner 树问题可以分为边加权 Steiner 树问题（Edge-Weighted Steiner Tree，简记为 EWST）和顶点加权 Steiner 树问题（Vertex Weighted Steiner Tree，简记

为 VWST)。在没有特殊声明的情况下，我们默认 Steiner 树问题为 EWST 问题，即边加权的 Steiner 树问题[55]。一般图的 Steiner 树问题和特殊图的 Steiner 树问题都是经典的 NP-难问题，其中 Steiner 树问题的判定问题是 "Karp 的 NP-完全问题" 之一[56]。

2.2　Steiner 比问题

1977 年，Garey 等[57] 证明了在欧几里得平面上最小 Steiner 树问题属于 NP-难问题。因此，求解最小 Steiner 树问题的主要途径就是寻找有效的近似解。由于求点集 X 的最小支撑树是比较容易的，而它的长度又与点集 X 的最小 Steiner 树的长度比较接近。因此，人们自然而然地想到用它作为近似解。如果用 $w(T_{ST})$ 表示点集 X 的最小 Steiner 树的长度，用 $w(T_{SP})$ 表示基于点集 X 的最小支撑树的长度，则称 $\rho = \inf\left\{\dfrac{w(T_{ST})}{w(T_{SP})}\right\}$ 为 Steiner 比。

关于 Steiner 比的研究来源于在美国贝尔电话公司发生的一件事情[58]：当一些大型企业有位于不同场所的多个分支机构时，分支机构之间的电话网络是通过租用电话公司的服务网络连通的。1967 年以前，贝尔公司一直按照最小支撑树的长度收费的原则，而给定点的最小支撑树的长度往往要大于另外添加点的最小 Steiner 树的长度。1967 年，一家 "精明" 的航空公司意识到了这一点，它要求贝尔公司增加一些服务点，而这些服务点恰好位于构造该公司各分部的最小 Steiner 树所需添加的 Steiner 点上。这使得贝尔电话公司不仅要拉新线，增加服务网点，而且还要减少收费。这件事带来了一系列连锁反应，贝尔电话公司不得不将坚持了 10 年之久的按照最小支撑树长度收费的方式改变为根据最小 Steiner 树来收费。于是，对于最小 Steiner 树问题以及新旧收费方式之间的差别的研究就显得尤为重要。

贝尔实验室数学中心主任 Pollak 和研究员 Gilbert 对 Steiner 比问题做了许多研究，他们根据多年研究所得，在 1968 年提出如下猜想（称为 Gilbert-Pollak 猜想）：对欧氏平面上的任何有限点集，其最小 Steiner 树同最小支撑树的长度之比（即 Steiner 比）不小于 $\dfrac{\sqrt{3}}{2}$，但是他们并没能亲自证明该猜想。1992 年，我国旅美学者堵丁柱和美籍华裔数学家黄光明[59] 在 *Algorithm* 上撰文说明 Gilbert-Pollak

猜想获得证明，当时轰动了整个数学界及理论计算机科学界。2012 年，Ivanov 和 Tuzhilin[60] 说明了 Gilbert-Pollak 猜想仍旧是一个开放式问题。目前，在欧几里得平面上，Steiner 比一个较好的下界是由 Chung 和 Graham[61] 在 1985 年给出的，即 $\rho = \inf\left\{\dfrac{w(T_{ST})}{w(T_{SP})}\right\} > 0.824$。

第 3 章 欧几里得平面上 Steiner 树构建问题

本章主要讲述欧几里得平面上 Steiner 树问题的两种扩展问题——最小费用 Steiner 点和边问题（Minimum-Cost Steiner Points and Edges Problem，简记为 MCSPE）以及最小费用 Steiner 点和材料根数问题（Minimum-Cost Steiner Points and Pieces of Specific Material Problem，简记为 MCSPPSM）。

3.1 问题提出

经典 Steiner 树问题[62] 是组合优化理论中一个众所周知的问题，它同时也在近似算法领域占据了重要的位置，并且在水、电供应网络，排水网络，通信网络的设计中，超大规模集成电路设计（VLSI）中的布线[63-65] 和建筑领域的公用事业等诸方面，以及生物分类学方面有广泛的应用[51,54,66]。近二、三十年来，Steiner 树问题和它的一些扩展问题引起了人们广泛的关注，得到一些重要的结果[18,67-73]。

欧几里得 Steiner 树问题（Euclidean Steiner Tree Problem，简记为 EST）是指连接欧几里得平面 $\mathbb{R}^2$ 上一组给定端点的最小树问题（树上两点之间的长度定义为它们之间的欧几里得距离，并且该树允许添加给定端点集以外的点，称之为 Steiner 点）。不同于网络图上的 Steiner 树问题，欧几里得 Steiner 树问题并不是把 Steiner 点作为输入，而是在连接给定端点集的过程中引入需要的 Steiner 点，使得最后连接的线段长度之和达到最小。欧几里得 Steiner 树问题是一个著名的 NP-

难问题[62]，它依然广泛应用于现实社会中高铁以及输油管道的构建中[30,54,57,66]有许多近似算法来解决它。Lin 和 Xue[74] 研究了欧几里得 Steiner 树问题的一种变形问题，即具有最少 Steiner 点的欧几里得 Steiner 树问题（Steiner Tree Problem with Minimum Number of Steiner Points，简记为 STP-MSP），STP-MSP 问题定义如下：在欧几里得平面 $\mathbb{R}^2$ 上，给定端点集合 $X = \{r_1, r_2, \cdots, r_n\}$，正常数 l，寻找一棵连接了所有端点的 Steiner 树 T，使得树 T 中每条边的长度不超过 l，并且树中除 X 中的点外其他点（称之为 Steiner 点[30,59,66,74-75]）的数目 $z(T)$ 达到最小。

Lin 和 Xue[74] 证明了 STP-MSP 问题是 NP-难的，并且证明了通过细化分最小支撑树的方式得到的近似算法的近似因子至多为 5，Chen 等[75] 深入研究了这个问题，并且证明了 Lin 和 Xue[74] 设计的上述近似算法的近似因子为 4，之后设计了一个 3-近似算法来解决 STP-MSP 问题。对于某些特殊情况，Chen 等[75] 给出了解决问题的多项式时间算法。

现实社会中，我们需要在欧几里得平面 $\mathbb{R}^2$ 上构造 Steiner 树来连接所有的端点，同时我们要考虑某些限制条件，使得树的每条边长不超过正常数 l，这与 STP-MSP 问题[74-75] 相似，一方面要考虑构建 Steiner 树的材料费用，另一方面也要考虑插入 Steiner 点的费用。因此，需要考虑增加的 Steiner 点的费用与购买材料用以构建 Steiner 树中的所有边的费用之和，使得这两项费用和达到最小。这便启发者去研究不同于其他文献中所提到的 Steiner 树问题的新的组合优化问题。

为了方便起见，假设 Steiner 树 T 中使用的每个 Steiner 点的费用为 b，因为购买不同类型的材料的费用不同，分别考虑两种不同类型的材料来构建欧几里得平面 $\mathbb{R}^2$ 上 Steiner 树中的所有边。下面，考虑欧几里得平面上 Steiner 树问题的两种变形构建问题：

（1）如果用来构建 Steiner 树中所有边的材料是无限长的，单位长度的费用是 c_1，问题的目标是使得增加的 Steiner 点的费用与购买材料用以构建 Steiner 树中的所有边的费用之和达到最小，即 $\min\{b \cdot k_1 + c_1 \cdot \sum\limits_{e \in T} w(e)\}$，这里 T 是构造的 Steiner 树，k_1 是 T 中 Steiner 点的数目，$w(e)$ 是构建 T 中边 e 所需要的材料的长度，我们称这个问题为最小费用 Steiner 点和边问题（简记为 MCSPE）。

(2) 如果用来构建 Steiner 树中所有边的材料每根都是有限的长度是 L（$l \leqslant$ L），这种材料每根的购买费用为 c_2，问题的目标是使得增加的 Steiner 点以及购买这种材料用以构建 Steiner 树 T 中的所有边的总费用达到最小，即 $\min\{b \cdot k_2 + c_2 \cdot k_3\}$，这里 T 是构造的 Steiner 树，k_2 是 T 中 Steiner 点的数目，k_3 是构建 T 中所有边使用的材料的根数，我们称这个问题为最小费用 Steiner 点和材料根数问题（简记为 MCSPPSM）。

根据上述 MCSPE 问题和 MCSPPSM 问题的定义可知：(1) 当无限长材料单位长度的费用 $c_1 = 0$，长度为 L 的材料每根的费用 $c_2 = 0$，此时所对应的 MC-SPE 问题和 MCSPPSM 问题就变为了 STP-MSP 问题[74]。因此，MCSPE 问题和 MCSPPSM 问题是 STP-MSP 问题的推广形式。(2) 当每个 Steiner 点的费用 $b = 0$，MCSPE 问题即为 EST 问题，但是 MCSPPSM 问题在这种情况下还是一种有关 Steiner 树新的组合优化问题。由 STP-MSP 问题和 EST 问题的 NP 困难性，可知上述两种有关 Steiner 树的变形问题也都是 NP-难的，它们同样也在超大规模集成电路设计，波分复用最优网络以及无线通信中有重要的应用。

MCSPE 问题和 MCSPPSM 问题是 STP-MSP 问题和 EST 问题的扩展问题，下面的例子说明了在这两个新问题中插入的 Steiner 点的数目，以及构建这样的 Steiner 树的所需要的材料费与 Steiner 树的总长度并没有必然的联系。在图 3.1a 中，给定一个半径为 l 的圆，考虑位于圆周上的四个端点 v_1, v_2, v_3, v_4，并且 $|v_1 v_2| = |v_2 v_3| = |v_3 v_4| = (1 + \varepsilon)l$，这里 $0 < \varepsilon < \dfrac{1}{3}$。图 3.1b 和图 3.1c 给出了基于四个端点 v_1, v_2, v_3, v_4 的两个细化分后的 Steiner 树，其中，图 3.1b 中只有一个 Steiner 点，Steiner 树的总长度是 $4l$，图 3.1c 中有 3 个 Steiner 点，Steiner 树的总长度是 $3(1 + \varepsilon)l$。

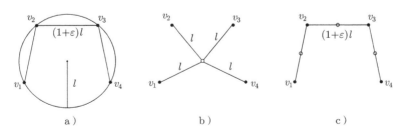

图 3.1　所研究问题必要性实例

虽然都是考虑欧几里得平面上构建 Steiner 树所用得材料与所需插入 Steiner 点的费用之和达到最小，但是根据所用材料的类型不同，我们分别研究了 MCSPE 问题和 MCSPPSM 问题。对于 MCSPE 问题，我们假设构建 Steiner 树所用得材料是无限长的，即我们在购买材料时，只需要根据所用总长度购买就可以了，此时，问题的目标为 $\min\left\{b \cdot k_1 + c_1 \cdot \sum_{e \in T} w(e)\right\}$；对于另外一种情况，用到的材料是多根固定长度为 L 的成品材料，必须按照需要的根数进行购买，问题的目标为 $\min\{b \cdot k_2 + c_2 \cdot k_3\}$，$k_3$ 指所需购买材料的根数，这个问题就是 MCSPPSM 问题。这里，允许用料头直接构建其他较短的边，但是不允许把料头拼接后再使用。这两个问题在现实生活中都有着广泛的应用。

3.2　基本引理

本节介绍了相关的概念和基本引理，下面几节将使用它们来清楚地描述 MC-SPE 问题和 MCSPPSM 问题的一些近似算法，并且更加简便地来证明算法的正确性。

第一个引理描述了在赋权图中有关最小支撑树的性质：

引理 3.1 [76]　给定赋权图 $G = (V, E; w)$，权重函数 $w : E \to \mathbb{R}^+$，如果对于 G 的最小支撑树 $T = (V, E_T)$，它的边集合 $E_T = \{e_{i_1}, e_{i_2}, \cdots, e_{i_{n-1}}\}$ 满足 $w(e_{i_1}) \leqslant w(e_{i_2}) \leqslant \cdots \leqslant w(e_{i_{n-1}})$，对于 G 的任意支撑树 $T_0 = (V, E_{T_0})$，它的边集合 $E_{T_0} = \{e_{j_1}, e_{j_2}, \cdots, e_{j_{n-1}}\}$ 满足 $w(e_{j_1}) \leqslant w(e_{j_2}) \leqslant \cdots \leqslant w(e_{j_{n-1}})$，则对于每一个 $k = 1, 2, \cdots, n-1$，都有不等式 $w(e_{i_k}) \leqslant w(e_{j_k})$ 成立。

对于集合 $X = \{r_1, r_2, \cdots, r_n\}$ 中的任意两个端点 r_i 和 r_j，$w(r_i, r_j)$ 表示 r_i 和 r_j 间的欧几里得距离，这与 Chen 等[75] 定义的 $|r_i r_j|$ 相似。如果可行树或者最优树中存在边连接了 r_i 和 r_j，并且两者之间的欧几里得距离 $|r_i r_j|$ 比 l 长，则在可行树或者最优树中细化分这条边 $r_i r_j$，即在边 $r_i r_j$ 上插入 $\left\lceil \dfrac{w(r_i, r_j)}{l} \right\rceil - 1$（或者 $\left\lceil \dfrac{|r_i r_j|}{l} \right\rceil - 1$）个 Steiner 点，每个这样插入的 Steiner 点度均为 2，对于可行树或者最优树中每条长度为 $w(e)$ 的边 e，在 e 上插入或者放置 $\left\lceil \dfrac{w(e)}{l} \right\rceil - 1$ 个 Steiner

点，使得产生的每条新边的长度不超过 l。为了后面章节描述的方便起见，我们称这个过程为对边 e 的"细化分"，简称为"细化分"，对于图（子图）H 中的每条边 e，增加 $\left\lceil \dfrac{w(e)}{l} \right\rceil - 1$ 个 Steiner 点，使得新图中每条新边的长度不超过 l，称这个过程为对图（子图）H 的"细化分"，简称为细化分图（子图）H，并且记新树为 $\bar{H}$，称这棵新树 $\bar{H}$ 为 H 的"Steiner 细化分图"。

特别的，如果 H 是图 G 的一棵子树，称 $\bar{H}$ 为 G 的"Steiner 细化分子树"；如果 H 是 G 的一棵支撑树，则 $\bar{H}$ 称为 G 的"Steiner 细化分支撑树"；如果 H 是 G 的一棵最小费用支撑树，则 $\bar{H}$ 称为 G 的"Steiner 细化分最小费用支撑树"。

通常来说，支撑树仅仅是连接了所有端点的树，边长之和达到最小的支撑树称为最小支撑树。但是这些支撑树可能并不是 MCSPE 问题（或者 MCSPPSM 问题）的可行解，因为可能出现某些边的长度超过 l。为了使这些不可行的解边为可行解，需要在边 e 上增加 $\left\lceil \dfrac{w(e)}{l} \right\rceil - 1$ 个 Steiner 点，进而将这条边分为几个小部分，每个小部分长至多为 l。把图 G 中所有支撑树都进行"细化分"这个进程，引理 3.1 说明了构造 Steiner 细化分最小支撑树的费用，不会超过构造其他细化分支撑树的费用。

依然需要介绍一些在 Chen 等[75] 的文章中出现的术语：

对于路 $P = v_1 v_2 \cdots v_n$，如果任意 $v_i v_{i+2}$ 与 $v_{i+1} v_{i+3}$ 相交，这里 $1 \leqslant i \leqslant n-3$，那么称这条路为凸路。对于每一个角 $\angle xvy$，如果 $\angle xvy > 120°$，称这个角 $\angle xvy$ 是大角。一个小于 90° 的角称为锐角，大于 90° 的角称为钝角。另外，一个三角形的三个内角都是锐角，称它是锐角三角形；一个三角形有一个内角是钝角，称它是钝角三角形；一个三角形有一个内角是直角，称它是直角三角形。

下面给出下面四个引理，第一个引理在 Chen 等[75] 的文章中描述过，而剩余的三个引理与他们文章的某些引理相似。

引理 3.2 [75]　令 $v_1 v_2 \cdots v_m$ $(m \geqslant 3)$ 是一条凸路，每条边的长度 $|v_i v_{i+1}| \leqslant l$ $(1 \leqslant i \leqslant m-1)$，凸路形成了 $m-2$ 个角，分别为 $\angle v_1 v_2 v_3$，$\angle v_2 v_3 v_4$，$\cdots$，$\angle v_{m-2} v_{m-1} v_m$，假设这 $m-2$ 个角中有 h 个大角（见图 3.2），则 $|v_1 v_m| \leqslant (h+2)l$。

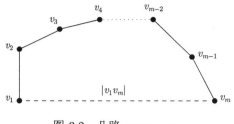

图 3.2   凸路 $v_1 v_2 \cdots v_m$

证明   用数学归纳法进行证明：

当 $m = 3$ 时，根据三角不等式，可知

$$|v_1 v_3| \leqslant |v_1 v_2| + |v_2 v_3| \leqslant 2l \leqslant (h+2) \cdot l.$$

当 $m \geqslant 4$ 时，考虑 $v_1, v_2, \cdots, v_m$ 这 m 个点形成的凸包 H，当 v_1 和 v_m 这两个点至少有一个不在 H 的边界上时，此时 H 边界上的任意两点间的距离都不超过 $(h+2)l$，于是 H 中的任意两点间的距离也不会超过 $(h+2)l$。因此，有

$$|v_1 v_m| \leqslant (h+2)l.$$

假设 v_1 和 v_m 这两个点都在 H 的边界上时，即 $v_1 v_2 \cdots v_m$ 这条路都在 H 的边界上，如果 $\angle v_1 v_m v_{m-1} \geqslant 90°$，则 $|v_1 v_m| \leqslant |v_1 v_{m-1}|$。根据假设，$|v_1 v_{m-1}| \leqslant (h+2)l$，所以 $|v_1 v_m| \leqslant (h+2)l$；如果 $\angle v_2 v_1 v_m \geqslant 90°$，则 $|v_1 v_m| \leqslant |v_2 v_m|$，根据假设，$|v_2 v_m| \leqslant (h+2)l$。因此，

$$|v_1 v_m| \leqslant (h+2)l.$$

如果 $\angle v_1 v_m v_{m-1} < 90°$，并且 $\angle v_2 v_1 v_m < 90°$，根据

$$(m-2)180° \leqslant 2 \cdot 90° + (m-h-2)120° + h \cdot 180°,$$

可得 $m - h - 2 < 3$，这说明 $v_1 v_2 \cdots v_m$ 这条路上最多有两个角不超过 $120°$。如果 $\angle v_{m-2} v_{m-1} v_m$ 是一个大角，根据假设 $|v_1 v_{m-1}| \leqslant ((h-1)+2)l$，可知

$$|v_1 v_m| \leqslant |v_1 v_{m-1}| + |v_{m-1} v_m| \leqslant (h+2)l;$$

同理，当 $\angle v_1 v_2 v_3$ 是一个大角，根据假设 $|v_2 v_m| \leqslant ((h-1)+2)l$，可知

$$|v_1 v_m| \leqslant |v_1 v_2| + |v_2 v_m| \leqslant (h+2)l.$$

假设 $\angle v_{m-2}v_{m-1}v_m \leqslant 120°$，并且 $\angle v_1 v_2 v_3 \leqslant 120°$。因为在 $v_1 v_2 \cdots v_m$ 这条路上最多有两个角不超过 $120°$，所以可以构造一个平行四边形 $v_1 v_2 v_{m-1} u$，如图 3.3 所示：

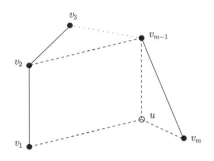

图 3.3　构造平行四边形 $v_1 v_2 v_{m-1} u$

因为 $\angle v_1 v_2 v_{m-1} \leqslant \angle v_1 v_2 v_3 \leqslant 120°$，我们有 $\angle v_2 v_{m-1} u \geqslant 60°$，同时 $\angle v_2 v_{m-1} v_m \leqslant \angle v_{m-2} v_{m-1} v_m \leqslant 120°$，所以 $\angle u v_{m-1} v_m \leqslant 60°$。可知下式成立

$$|uv_m| \leqslant \max(|uv_{m-1}|, |v_{m-1}v_m|) \leqslant \max(|v_1 v_2|, |v_{m-1}v_m|) \leqslant l.$$

因此，$|v_1 v_m| \leqslant |v_1 u| + |uv_m| = |v_2 v_{m-1}| + |uv_m| \leqslant (h+1)l + l = (h+2)l$。综上所述，引理得证。∎

引理 3.3　MCSPE 问题的任何一个最优 Steiner 树 T 都有以下的性质：

(1) 任何两条边彼此都不相交；

(2) 两条相邻的边形成的角至少为 $60°$；

(3) 如果两条边形成的角恰好为 $60°$，那么它们有相同的长度。

证明　设 k_1 是 MCSPE 问题的最优 Steiner 树 T 中 Steiner 点的数目，Steiner 点的费用与构造树 T 中所有边的材料费用之和是 $b \cdot k_1 + c_1 \cdot \sum_{e \in T} w(e)$。

(1) 应用反证法。假设 T 中有两条边 ac, bd 相交于点 e，则四边形 $abcd$ 中存在一个内角至少为 $90°$，不失一般性，假设 $\angle bad \geqslant 90°$，则 bd 是 ab, ad, bd 中最长的边，也就是说 $|ad| < |bd|$，$|ab| < |bd|$，这里 $|bd|$ 表示边 bd 的长度。在 T 中删除边 bd，则 T 将会被分为两个连通分支，一个分支包含点 b，另一个分支包含点 d。不失一般性，假设两个点 a 和 b 在同一个连通分支，边 ad 连接了两个连通分支。因为 $|ad| < |bd|$，所以边 ad 上插入的 Steiner 点的数目不超过 bd 上

所插入的 Steiner 点的数目。用 ad 来替代 bd，构造出了一棵新的 Steiner 树 T'，那么在 T' 中插入的 Steiner 点的数目 k_1' 小于等于 k_1，并且

$$\sum_{e \in T'} w(e) < \sum_{e \in T} w(e).$$

可以得到下列结论：构造 T' 中所有边的材料费和 Steiner 点的费用之和 $b \cdot k_1' + c_1 \cdot \sum_{e \in T'} w(e)$ 小于构造 T 中所有边的材料费和 Steiner 点的费用之和 $b \cdot k_1 + c_1 \cdot \sum_{e \in T} w(e)$，这与 MCSPE 问题中 Steiner 树 T 的最优性矛盾。

因此，性质 (1) 成立。

(2) 应用反证法。考虑两条邻接的边 ab, ac，假设 $\angle bac < 60°$，那么或者 $\angle abc > 60°$，或者 $\angle acb > 60°$。不失一般性，令 $\angle abc > 60°$，则 $|ac| > |bc|$，于是可知 bc 上插入的 Steiner 点的数目不超过 ac 上所插入的 Steiner 点的数目。用 bc 来代替 ac，构造出了一棵新的 Steiner 树 T'，在 T' 中插入的 Steiner 点的数目 k_1' 小于等于 k_1，并且有

$$\sum_{e \in T'} w(e) < \sum_{e \in T} w(e).$$

易知，构造 T' 中所有边的材料费和 Steiner 点的费用之和 $b \cdot k_1' + c_1 \cdot \sum_{e \in T'} w(e)$ 小于构造 T 中所有边的材料费和 Steiner 点的费用之和 $b \cdot k_1 + c_1 \cdot \sum_{e \in T} w(e)$，这与 MCSPE 问题中 Steiner 树 T 的最优性矛盾。

因此，性质 (2) 成立。

(3) 这部分的证明与性质 (2) 的证明相似。考虑两条邻接的边 ab, ac，应用反证法，假设 $\angle bac = 60°$，但是 $|ab| > |ac|$，则 $\angle acb > \angle abc$。显然 $\angle acb > 60° = \angle bac > \angle abc$，则有 $|bc| < |ab|$，这说明 bc 上插入的 Steiner 点的数目不超过 ab 上所插入的 Steiner 点的数目。用 bc 来代替 ab，构造出了一棵新的 Steiner 树 T'，在 T' 中插入的 Steiner 点的数目 k_1' 小于等于 k_1，并且有

$$\sum_{e \in T'} w(e) < \sum_{e \in T} w(e).$$

因此，可以得到下列结论：构造 T' 中所有边的材料费和 Steiner 点的费用之

和 $b \cdot k_1' + c_1 \cdot \sum\limits_{e \in T'} w(e)$ 小于构造 T 中所有边的材料费和 Steiner 点的费用之和 $b \cdot k_1 + c_1 \cdot \sum\limits_{e \in T} w(e)$，这与 MCSPE 问题中 Steiner 树 T 的最优性矛盾。

因此，性质 (3) 成立。∎

为了更方便地描述关于 MCSPPSM 问题的引理，这里介绍一个术语：

对于 MCSPPSM 问题的一个实例，假设 T 是它的最优 Steiner 树，如果对于其他任何一个最优 Steiner 树 T' 来说，都有

$$\sum_{e \in T} w(e) \leqslant \sum_{e \in T'} w(e)$$

成立，则称 T 为关于 MCSPPSM 问题实例的一棵"最短最优 Steiner 树"。

引理 3.4　MCSPPSM 问题的任何一棵最短最优 Steiner 树 T 都满足以下性质：

(1) 任何两条边彼此都不相交；

(2) 两条相邻的边形成的角至少为 $60°$；

(3) 如果两条边形成的角恰好为 $60°$，那么它们有相同的长度。

证明　设 k_2 是 T 中 Steiner 点的数目，k_3 构造 T 中所有边所使用的材料的根数，Steiner 点的费用和材料的费用之和是 $b \cdot k_2 + c_2 \cdot k_3$。

(1) 反证法。假设 T 中存在两条边 ac 和 bd 相交于 e，则四边形 $abcd$ 中存在一个内角至少为 $90°$，不失一般性，假设 $\angle bad \geqslant 90°$，则 bd 是 ab, ad, bd 中最长的边，即 $|ad| < |bd|$，$|ab| < |bd|$，这里 $|bd|$ 表示边 bd 的长度。在 T 中删除边 bd，则 T 将会被分为两个连通分支，一个分支包含点 b，另一个分支包含点 d。不失一般性，假设两个点 a 和 b 在同一个连通分支，边 ad 连接了两个连通分支。因为 $|ad| < |bd|$，所以边 ad 上插入的 Steiner 点的数目不超过 bd 上所插入的 Steiner 点的数目，并且用来构造 bd 的材料依然可以用来构造 ad。用 ad 来替代 bd，我们构造出了一棵新的 Steiner 树 T'，那么在 T' 中插入的 Steiner 点的数目 k_2' 小于等于 k_2，并且构造 T' 中所有边所用的材料的根数 k_3' 小于等于构造 T 中所有边所用的材料的根数 k_3，于是可知，构造 T' 中所有边的材料费和 Steiner 点的费用之和不超过构造 T 中所有边的材料费和 Steiner 点的费用之和，即

$$b \cdot k_2' + c_2 \cdot k_3' \leqslant b \cdot k_2 + c_2 \cdot k_3.$$

因此，T' 也是一棵最优 Steiner 树，但是

$$\sum_{e \in T'} w(e) < \sum_{e \in T} w(e),$$

这与 T 是 MCSPPSM 问题的一棵最短最优 Steiner 树矛盾。

因此，性质 (1) 成立。

(2) 应用反证法。考虑两条邻接的边 ab, ac，假设 $\angle bac < 60°$，那么或者 $\angle abc > 60°$，或者 $\angle acb > 60°$。不失一般性，令 $\angle abc > 60°$，则 $|ac| > |bc|$，于是可知 bc 上插入的 Steiner 点的数目不超过 ac 上所插入的 Steiner 点的数目，并且用来构造 ac 的材料依然可以用来构造 bc。用 bc 来代替 ac，构造出了一棵新的 Steiner 树 T'，在 T' 中插入的 Steiner 点的数目 k_2' 小于等于 k_2，并且构造 T' 中所有边所用的材料的根数 k_3' 小于等于构造 T 中所有边所用的材料的根数 k_3，于是可知，构造 T' 中所有边的材料费和 Steiner 点的费用之和不超过构造 T 中所有边的材料费和 Steiner 点的费用之和，即

$$b \cdot k_2' + c_2 \cdot k_3' \leqslant b \cdot k_2 + c_2 \cdot k_3.$$

因此，T' 也是一棵最优 Steiner 树，但是

$$\sum_{e \in T'} w(e) < \sum_{e \in T} w(e),$$

这与 T 是 MCSPPSM 问题的一棵最短最优 Steiner 树矛盾。

因此，性质 (2) 成立。

(3) 这部分的证明与性质 (2) 的证明相似。考虑两条邻接的边 ab, ac，应用反证法，假设 $\angle bac = 60°$，但是 $|ab| > |ac|$，则 $\angle acb > \angle abc$。显然

$$\angle acb > 60° = \angle bac > \angle abc,$$

则有 $|bc| < |ab|$，这说明 bc 上插入的 Steiner 点的数目不超过 ab 上所插入的 Steiner 点的数目，并且用来构造 ab 的材料依然可以用来构造 bc。用 bc 来代替 ab，构造出了一棵新的 Steiner 树 T'，在 T' 中插入的 Steiner 点的数目 k_2' 小于等于 k_2，并且构造 T' 中所有边所用的材料的根数 k_3' 小于等于构造 T 中所

有边所用的材料的根数 k_3，于是可知，构造 T' 中所有边的材料费和 Steiner 点的费用之和不超过构造 T 中所有边的材料费和 Steiner 点的费用之和，即

$$b \cdot k_2' + c_2 \cdot k_3' \leqslant b \cdot k_2 + c_2 \cdot k_3.$$

因此，T' 也是一棵最优 Steiner 树，但是

$$\sum_{e \in T'} w(e) < \sum_{e \in T} w(e),$$

这与 T 是 MCSPPSM 问题的一棵最短最优 Steiner 树矛盾。

因此，性质 (3) 成立。∎

引理 3.5　*存在关于 MCSPE 问题的最优 Steiner 树 T^*（类似的，存在关于 MCSPPSM 问题的最短最优 Steiner 树 T^*），使得 T^* 中每个点的度至多为 5。*

证明　由引理 3.3 的性质 (2)（类似的，引理 3.4 的性质 (2)）可知：对于 MCSPE 问题的任何一棵最优 Steiner 树 T（类似的，对于 MCSPPSM 问题的任何一棵最短最优树 T），T 中任何一个点的度都至多为 6。现在，考虑 T 中度恰好是 6 的一个点 v，则在点 v 的六个角都等于 $60°$。因此，由引理 3.3 的性质 (3)（类似的，引理 3.4 的性质 (3)），显然可知，与 v 邻接的六条边有相同的长度。

考虑与 v 相邻的任何一个点 u，设 u 的度为 d。假设点 x 和 y 也与 v 相邻，并且 $\angle xvu = \angle yvu = 60°$，则 $|vx| = |vy| = |vu|$，显然，

$$|ux| = |uy| = |vx| = |vy| = |vu|.$$

因此，在边 ux, uy, vx, vy 以及 vu 上插入的 Steiner 点的数目都相等，对于 MCSPE 问题（类似的，对于 MCSPPSM 问题）用来构造其中一条边所使用的材料也同样可以用来构造其余四条边中的任何一条。分别用边 ux 来代替 vx，用边 uy 来代替边 vy，由新树的边长总和，插入 Steiner 点的数目，以及构造树中边所用的材料费这几方面均未发生改变可知：得到了 MCSPE 问题的一棵最优 Steiner 树（类似的，得到了 MCSPPSM 问题的一棵最短最优 Steiner 树）。但是，u 的度从原来的 d 变为 $d+2$。因为 $d+2 \leqslant 6$，所以 $d \leqslant 4$（见图 3.4）。

因此，对于任意一个度为 6 的点 v，将与 v 相连的其中一条边移动到与它相邻的点上，则此时的树依然是 MCSPE 问题的一棵最优 Steiner 树（类似的，能

够得到 MCSPPSM 问题的一棵最短最优 Steiner 树），并且保证了每个点的度至多为 5。■

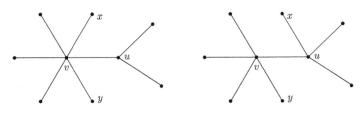

图 3.4 Steiner 树最大度数点的转变

对于一棵连接所有端点的 Steiner 树，它的每个叶子点都是端点，然而 Steiner 树的每个端点却不一定是叶子点。如果 Steiner 树的每个端点都是叶子点，则称这棵 Steiner 树是满 Steiner 树[75]。对于一棵非满 Steiner 树，总可以找到度大于 1 的端点，在此端点处将此树分割，也就是说，通过对这些非叶子的端点处分割，可以把这棵 Steiner 树分割为一些小的满 Steiner （子）树，这些小的（子）树称之为原 Steiner 树的满块。

为了设计近似算法来解决我们的问题，需要判断在欧几里得平面上是否存在一个 Steiner 点，它连接了三个或者四个端点。根据欧几里得几何学的知识可知：对于任意一个 $\triangle v_1 v_2 v_3$，它的外接圆很容易得到。因此，覆盖了 $\triangle v_1 v_2 v_3$ 的半径最小的圆盘可以按照如下的方式得到：如果 $\triangle v_1 v_2 v_3$ 是锐角三角形，则覆盖 $\triangle v_1 v_2 v_3$ 的最小圆盘是 $v_1 v_2 v_3$ 的外接圆；如果 $\triangle v_1 v_2 v_3$ 是直角三角形或者钝角三角形，则覆盖 $\triangle v_1 v_2 v_3$ 的最小圆盘的直径是 $\triangle v_1 v_2 v_3$ 中最长的边。对于四个端点 v_1, v_2, v_3, v_4 来说，如果这四个端点形成的 $\triangle v_1 v_2 v_3$，$\triangle v_2 v_3 v_4$，$\triangle v_3 v_4 v_1$，$\triangle v_4 v_1 v_2$ 都可以由同一个最小圆盘来覆盖，那么这个圆盘便是能覆盖四个端点 v_1, v_2, v_3, v_4 的最小圆盘（见图 3.5）。于是，寻找能够覆盖三个或者四个端点的最小圆盘能够在多项式时间内完成。

为了更加清楚地描述解决 MCSPPSM 问题的算法，同样也需要一些有关装箱问题[62,77-78]的术语。为了方便起见，把每根长度为 L 的材料看作是一个容量为 L 的"箱子"。当使用 Steiner 树中的线段或者说是边 $e = uv$ 时，把这条线段或者说边 $e = uv$ 看作是一个大小为 $w(u,v)$ 的"物品"。当使用长度为 L 的一整根材料或者它的一部分来构造 Steiner 树中长度为 $w(u,v) \leqslant L$ 的边 $e = uv$ 时，称这个过程为"将长度为 $w(u,v)$ 的线段 uv，或者说是边 uv 装入容量为 L 的箱子"，又或者说"将大小为 $w(u,v)$ 的物品装入容量为 L 的箱子"（见图 3.6）。

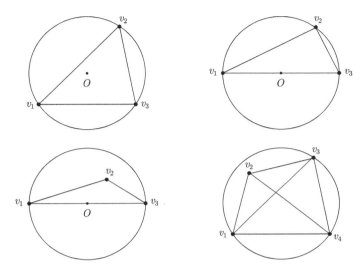

图 3.5　覆盖三个端点或四个端点的最小圆盘

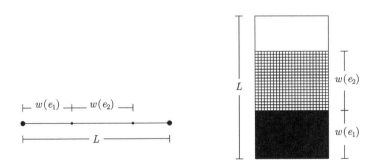

图 3.6　边的装箱方式

下面，介绍解决最小支撑树问题的其中一个最优算法——Kruskal 算法，以及有关装箱问题的近似算法——FFD 算法，它们是后面所设计的一些算法的重要子算法，并且相关的定理证明中出现过：

Kruskal 算法的具体过程如下所示：

算法 3.1 [79]　　**Kruskal**

输入：连通赋权图 $G = (V, E; w)$；

输出：G 的一棵最小支撑树 T。

Begin

Step 1. 选择边 e_1，使得 $w(e_1)$ 尽可能小；

Step 2. 若已经选定边 $e_1, e_2, \cdots, e_i$ 上，则从 $E\{e_1, e_2, \cdots, e_i\}$ 中选取 e_{i+1}，使得

    （1）$G[\{e_1, e_2, \cdots, e_i\}]$ 为无圈图；

    （2）$w(e_{i+1})$ 是满足 (1) 的尽可能小的权；

Step 3. 当 Step 2 不能继续执行时停止。

End

FFD 算法的具体过程如下所示：

算法 3.2 [18]　　**FFD**

输入：物品的集合 $U = \{u_1, u_2, \cdots, u_n\}$ 及各物品的大小 $w(u_i)$。

输出：物品装箱方法。

Begin

Step 1. 令将所有物品按大小从大到小排列，不妨设 $w(u_1) \geqslant w(u_2) \geqslant \cdots \geqslant w(u_n)$；

Step 2. 打开箱子 B_1，把物品 u_1 放入 B_1；

Step 3. 设已打开箱子 $B_1, B_2, \cdots, B_k$，物品 $u_1, u_2, \cdots, u_i \ (i < n)$ 已经装箱，现把物品 u_{i+1} 从箱子 B_1 开始试装，若可以装入，则装入；若不可以装入，则试装下一个箱子。如果 $B_1, B_2, \cdots, B_k$ 都不能装入，则打开一个新箱子 B_{k+1}；

Step 4. 重复上述过程，直到物品 $u_1, u_2, \cdots, u_n$ 全部装完；

Step 5. 输出装物品的箱子。

End

在这里未被介绍的其他定义或相关算法可以参考文献 [18, 80]。

3.3　最小费用 Steiner 点和边问题

本节介绍最小费用 Steiner 点和边问题（简记为 MCSPE）：在欧几里得平面 $\mathbb{R}^2$ 上，给定 n 个端点的集合 $X = \{r_1, r_2, \cdots, r_n\}$，一个正常数 l 和无限长的

材料，寻找一棵连接了所有端点的 Steiner 树 T，使得 T 中每条边的欧几里得长度不超过常数 l，并且 Steiner 点的费用和构造 T 中所有边所使用的材料费总和达到最小，即 $\min\{b \cdot k_1 + c_1 \cdot \sum\limits_{e \in T} w(e) |\ T$ 是连接了 X 中所有端点的 Steiner 树，并且 T 中每条边的长度不超过 $l\}$，k_1 是 T 中 Steiner 点的数目，b 是每个 Steiner 点的费用，$w(e)$ 是 T 中边 e 的长度，c_1 是给定的无限长的材料单位长度的费用。

为了设计近似算法来解决 MCSPE 问题，采取了以下策略：(1) 使用尽可能多的边长不超过 l 的边来连接不同的连通分支，这样新增的边不需要插入 Steiner 点；(2) 对于能够形成一个 "4-星" 的四个不同的连通分支，这里 "4-星" 每条边的长度都不超过 l，则增加一个 Steiner 点来连接这四个不同的连通分支，进而形成了一个 "4-星"，"4-星" 的四条边中每条边的长度都不超过 l；(3) 对于剩下的连通分支，选择一些合适的边来连接它们，设这些新添加的边 e 的长度为 $w(e)$，则 $w(e)$ 一定比 l 大，在每条边 e 上插入 $\left\lceil \dfrac{w(e)}{l} \right\rceil - 1$ 个 Steiner 点，直到得到一棵 Steiner 树和它的 "细化分 Steiner 树"。

下面介绍以下算法来解决 MCSPE 问题，称之为算法 MCSPE。

算法 3.3   MCSPE

输入：n 个端点的集合 $X = \{r_1, r_2, \cdots, r_n\}$，正常数 l，每个 Steiner 点的费用 b，无限长的材料单位长度的费用 c_1；

输出：细化分 Steiner 树 $\bar{T}$ 以及插入的 Steiner 点的费用与构造 $\bar{T}$ 中所有边所需要的材料费之和。

Begin

Step 1. 构造基于 n 个端点 $r_1, r_2, \cdots, r_n$ 的完全图 G，设 G 中包含 m 条边，这里 $m = \dfrac{n(n-1)}{2}$，并且对于每条边 e，它的长度定义为这条边两个端点之间的欧氏距离，记为 $w(e)$；

Step 2. 将这 m 条边的 m 个长度按照非减的次序排序，不失一般性，假设 $w(e_1) \leqslant w(e_2) \leqslant \cdots \leqslant w(e_m)$；

Step 3. 设 $T = (V, E_T)$，这里 $V := X$，并且 $E_T := \varnothing$；

Step 4. 对于每一个 $i = 1, 2, \cdots, m$，while $(w(e_i) \leqslant l)$ do

　　　　If $(e_i$ 连接了 T 中两个不同的连通分支$)$ then $E_T := E_T \cup \{e_i\}$；

Step 5. For T 中位于四个不同连通分支的四个端点 v_1, v_2, v_3, v_4，do

If (存在一个 Steiner 点 s, 满足 $w(s, v_k) \leqslant l$, $k = 1, 2, 3, 4$) then

$V := V \cup \{s\}$, 并且 $E_T := E_T \cup \{sv_1, sv_2, sv_3, sv_4\}$;

Step 6. For 每一个 $i = 1, 2, \cdots, m$, while $(w(e_i) > l)$ do

If (e_i 连接了 T 中两个不同的连通分支) then $E_T := E_T \cup \{e_i\}$;

Step 7. 对于 T 中的每条边 e, 在 e 上插入 $\lceil \frac{w(e)}{l} \rceil - 1$ 个 Steiner 点, 记这棵新的细化分 Steiner 树为 $\bar{T}$;

Step 8. 输出 Steiner 树 T, 细化分 Steiner 树 $\bar{T}$, 以及总费用 $b \cdot k_1 + c_1 \cdot \sum_{e \in \bar{T}} w(e)$, 这里 k_1 是 Steiner 点的数目。

End

为了方便起见, 当 T 是一棵连接了 n 个端点 $r_1, r_2, \cdots, r_n$ 的 Steiner 树, T 的边集为 E_T 时, 令 $w(T)$ 或者 $w(E_T)$ 表示 T 中边的长度之和, $z(T)$ 表示 T 中 Steiner 点的数目。

通过算法 MCSPE 可知 G 是基于 n 个端点 $r_1, r_2, \cdots, r_n$ 的完全图, T 是连接了这 n 个端点 $r_1, r_2, \cdots, r_n$ 的 Steiner 树。经过 Step 7 的细化分过程构造出了细化分 Steiner 树 $\bar{T}$。显然, $\bar{T}$ 是 MCSPE 问题实例的一个可行解, 主要的结论详见下面的定理:

定理 3.1 算法 MCSPE 是 MCSPE 问题的 3-近似算法, 算法的时间复杂性为 $\mathcal{O}(n^4)$, 这里 n 代表端点的个数。

证明 根据引理 3.5, 我们假设 T^* 是 MCSPE 问题的一棵最优树, 并且每个点的度至多为 5, 则最优值 $OPT = b \cdot z(T^*) + c_1 \cdot w(T^*)$。假设 $\bar{T}$ 是算法 MCSPE 的输出解, 输出值 $OUT = b \cdot z(\bar{T}) + c_1 \cdot w(\bar{T})$, 这里 $z(\bar{T}) = k_1$。

为了证实算法 MCSPE 的近似因子是 3, 我们考虑以下两个方面:

(1) 令 E_4, E_5, E_6 表示算法 MCSPE 中 Step 4~6 分别产生的边集, 则有 $E_T = E_4 \cup E_5 \cup E_6$。在 Step 5, 选择的边的数目是插入 Steiner 点的数目的四倍, 对于任意一条边 $e \in E_5$, 有 $w(e) \leqslant l$。因此, 我们可以得到:

$$|E_4| + |E_5| + |E_6| = n + \frac{|E_5|}{4} - 1,$$

$$|E_5| = \frac{4}{3}(n - |E_4| - |E_6| - 1),$$

并且

$$w(T) = w(E_4) + w(E_5) + w(E_6)$$

$$\leqslant w(E_4) + w(E_6) + \frac{4}{3}(n - |E_4| - |E_6| - 1) \cdot l.$$

根据解决最小支撑树问题的 Kruskal[79,80] 算法的策略，可知存在 G 的一棵最小支撑树 T_S 满足下列事实：$|E(T_S)| = n - 1$，$(E_4 \cup E_6) \subseteq E(T_S)$，并且对于每条边 $e \in E(T_S) - E_4$，有 $w(e) > l$。因此，可以得到

$$w(T_S) = w(E_4) + w(E_6) + w(E(T_S) - E_4 - E_6)$$

$$> w(E_4) + w(E_6) + (n - 1 - |E_4| - |E_6|) \cdot l.$$

使用 T^* 中的边两次，我们可以得到一个包含了所有端点以及一些 Steiner 点的欧拉回路 C''。因为在欧几里得平面上的边长满足三角不等式，所以按照 X 中端点在欧拉回路 C'' 中第一次出现的顺序来替换边、点，我们得到由 X 中所有端点构成的哈密顿圈 C'，再删除哈密顿圈 C' 中的一条边，就得到一条由 X 中所有端点构成的哈密顿路 P'，同时 P' 也是一棵关于图 G 的支撑树（见图 3.7）。

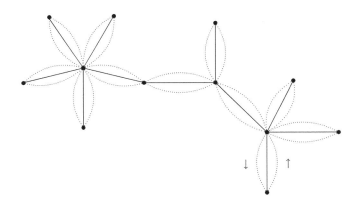

图 3.7　欧拉回路的构造方式

因此，$w(T_S) \leqslant w(P') < w(C') \leqslant w(C'') = 2w(T^*)$，这说明

$$w(\bar{T}) = w(T)$$

$$\leqslant \frac{4}{3}[w(E_4) + w(E_6) + (n - 1 - |E_4| - |E_6|) \cdot l]$$

$$< \frac{4}{3} \cdot w(T_S)$$

$$< \frac{8}{3} \cdot w(T^*).$$

(2) 假设 T^* 包含 k 个满块 $T_1^*, T_2^*, \cdots, T_k^*$，分别包含 $n_1, n_2, \cdots, n_k$ 个端点，这里 $n_1 + n_2 + \cdots + n_k = n$。对于任意一个满块 T_j^* $(1 \leqslant j \leqslant k)$，构造基于 T_j^* 中所有端点的最小支撑树 Q_j^*，显然，$Q_1^* \cup Q_2^* \cup \cdots \cup Q_k^*$ 是 G 的一棵支撑树。

令 s_j^i 表示 T_j^* 中度为 i 的 Steiner 点的数目，这里 $2 \leqslant i \leqslant 5$，因为 T_j^* 中共含有 $n_j + s_j^2 + s_j^3 + s_j^4 + s_j^5 - 1$ 条边，因此，

$$n_j + 2s_j^2 + 3s_j^3 + 4s_j^4 + 5s_j^5 = 2(n_j + s_j^2 + s_j^3 + s_j^4 + s_j^5 - 1),$$

并且

$$n_j = 3s_j^5 + 2s_j^4 + s_j^3 + 2.$$

因为 T_j^* 是基于 n_j 个端点的满 Steiner 树，T_j^* 有以下的性质[75]：

(1) T_j^* 包含 n_j 条凸路，每条凸路连接两个端点；

(2) T_j^* 中的每个端点都出现在两条凸路中；

(3) 每个位于 Steiner 点处的角都恰好在那 n_j 条路中出现一次。

所以，存在基于 T_j^* 中 n_j 个端点的支撑树 Q_j，Q_j 中的 $n_j - 1$ 条边，每条边都对应满块 T_j^* 中一条凸路，也就是说，对于 Q_j 中的任意一条边 $e = uv$，则边 e 对应于 T_j^* 中一条连接了端点 u 和 v 的凸路，边 e 上最多需要插入 $h + 1$ 个 Steiner 点，并且有

$$w(e) = w(uv) \leqslant (h+2) \cdot l,$$

这里 h 表示这条凸路上大角的数目。

因为 T_j^* 中 Steiner 点的数目为 $s_j^2 + s_j^3 + s_j^4 + s_j^5$，$T_j^*$ 中每个角的度数都不小于 $60°$，显然：

(1) 在度为 2 的点处最多有两个大角；

(2) 在度为 3 的点处最多有两个大角；

(3) 在度为 4 的点处最多只有一个大角；

(4) 在度为 5 的点处没有大角。

所以，T_j^* 中大角的数目最多为 $2s_j^2 + 2s_j^3 + s_j^4$，而细化分 Steiner 树 Q_j 最多需要 $2s_j^2 + 2s_j^3 + s_j^4 + n_j - 1$ Steiner 点，于是可以得到

$$z(\bar{Q}_j) \leqslant 2s_j^2 + 2s_j^3 + s_j^4 + n_j - 1$$

$$= 2s_j^2 + 2s_j^3 + s_j^4 + (3s_j^5 + 2s_j^4 + s_j^3 + 2) - 1$$

$$\leqslant 3(s_j^5 + s_j^4 + s_j^3 + s_j^2) + 1$$

$$= 3z(T_j^*) + 1,$$

这说明

$$z(\bar{Q}_j^*) \leqslant z(\bar{Q}_j) \leqslant 3z(T_j^*) + 1.$$

以下的结论在证明算法 MCSPE 的近似因子是 3 的过程中起到了重要的作用。

论断 1　输出解 $\bar{T}$ 中 Steiner 点的数目最多是最优解 T^* 中 Steiner 点数目的三倍, 即

$$z(\bar{T}) \leqslant 3z(T^*).$$

事实上, 如果满块 T_j^* 中存在一条边连接了两个端点, 也就是说, T_j^* 包含了一条凸路, 凸路的每条边长都不超过 l, 则由之前提到的凸路和其余 $n_j - 2$ 条凸路可以得到一棵支撑树 Q_j, 因此, 可以得到

$$z(\bar{Q}_j^*) \leqslant z(\bar{Q}_j) \leqslant 3z(T_j^*).$$

如果满块 T_j^* 包含一个度至多为 4 的 Steiner 点 v, 对于第一种情况, 若在 v 点没有大角, 显然

$$\begin{aligned}
z(\bar{Q}_j^*) &\leqslant z(\bar{Q}_j) \\
&\leqslant 2s_j^2 + 2s_j^3 + s_j^4 - 1 + n_j - 1 \\
&\leqslant 3(s_j^2 + s_j^3 + s_j^4 + s_j^5) \\
&= 3z(T_j^*);
\end{aligned}$$

对于第二种情况, 若在 v 点处至少一个大角, 设其中一个大角是 α, 则 α 必然位于 T_j^* 中的一条凸路, 用其余的 $n_j - 1$ 条凸路所对应的边来构造基于这 n_j 个端点的一棵支撑树 Q_j, 显然, 同样有

$$\begin{aligned}
z(\bar{Q}_j^*) &\leqslant z(\bar{Q}_j) \\
&\leqslant 2s_j^2 + 2s_j^3 + s_j^4 - 1 + n_j - 1
\end{aligned}$$

$$\leqslant 3(s_j^2 + s_j^3 + s_j^4 + s_j^5)$$
$$= 3z(T_j^*).$$

因此，可以知道 $z(\bar{T}_S) \leqslant 3z(T^*) + f$，这里 f 是 T^* 的 k 个满块中，Steiner 点的度数全为 5，并且任意两个端点之间没有直接边相连的满块的数目，为了方便起见，有时把此类满块称为 E 类满块。

用 T^i 表示图 $T = (V, E_T)$ 在经过算法 MCSPE 中 Step i 作用后的情况，特别的，T^3 包含 n 个连通分支，即只有 n 个端点。假设 T^4 包含 q 个连通分支，并且 $T^5 - T^4$ 包含 p 个"4-星"。在 Step 5，每加入一个 Steiner 点都会把 T^4 中的四个连通分支连在一起构成一个"4-星"，因此，T^5 中共含有 $q - 3p$ 个连通分支 $C_1, C_2, \cdots, C_{q-3p}$。根据与 Kruskal[79-80] 算法比较可知，对于细化分最小支撑树来说，连接四个连通分支最少需要插入三个 Steiner 点。因此，

$$z(\bar{T}) \leqslant z(\bar{T}_S) - 2p \leqslant 3z(T^*) + f - 2p.$$

基于 T^4 做另外一种构造。对于任何一个 E 类满块 T_j^*，若 T_j^* 只包含一个 Steiner 点 v，则点 v 必定连接五个端点，并且这五个端点最多位于三个连通分支 C_i 中（反之，如果这五个端点位于四个以上的连通分支 C_i 中，则存在一个 Steiner 点，它可以把四个 C_i 连接到起来，形成一个连通分支）。此时，在这五个端点中存在两对端点，每对端点都处于同一个 C_i 中。在 T^4 中，对这两对端点加入两条边，每条边连接一对端点，这样连通分支的数目将会减少 2。如果 T_j^* 中包含两个以上的 Steiner 点，则其中必定存在两个 Steiner 点，每个 Steiner 点连接了四个端点，并且这两个 Steiner 点中每个所连接的四个端点都可以位于同一个分支 C_i 中。因此，可以挑选两对分别处于同一分支 C_i 中的端点，在 T^4，分别连上两条边，这样连通分支的数目也将会减少 2。

图 T^4 经过上述构造过程后，最多含有 $q - 2f$ 个连通分支，同时，它的每一个连通分支都包含在某个分支 C_i 内。因此，$q - 3p \leqslant q - 2f$，计算可得 $f \leqslant \dfrac{3}{2}p$。可以得到：

$$z(\bar{T}) \leqslant 3z(T^*) + f - 2p \leqslant 3z(T^*),$$

这说明了论断 1 是成立的。

因此，最终可以得到以下事实：

$$
\begin{aligned}
OUT &= b \cdot z(\bar{T}) + c_1 \cdot w(\bar{T}) \\
&< 3b \cdot z(T^*) + \frac{8}{3}c_1 \cdot w(T^*) \\
&< 3[b \cdot z(T^*) + c_1 \cdot w(T^*)] \\
&= 3OPT.
\end{aligned}
$$

算法 MCSPE 的复杂性分析如下：(1) 由于计算任意两个端点的欧氏距离可以在常数步来完成，所以 Step 1 的时间复杂性为 $\mathcal{O}(n^2)$；(2) Step 2 需要 $\mathcal{O}(n^2 \cdot logn)$ 时间来把 $\frac{n(n-1)}{2}$ 条边的边长按照非减的次序排列；(3) Step 4 需要 $\mathcal{O}(n^2)$ 时间来增加一些长度不超过 l 的边；(4) Step 5 需要 $\mathcal{O}(n^4)$ 时间来确定是否存在一个 Steiner 点可以将四个连通分支连接成一个新的满足条件的分支；(5) Step 6 需要 $\mathcal{O}(n^2)$ 时间来增加一些边长超过 l 的边；(6) Step 7 需要 $\mathcal{O}(n)$ 时间来构造细化分 Steiner 树 $\bar{T}$，这里我们把在 Steiner 树 T 中每条边 e 上插入 $\left\lceil \frac{w(e)}{l} \right\rceil - 1$ 个 Steiner 点的进程当作可以在常数步完成；(7) 其他步骤需要至多 $\mathcal{O}(n^2)$ 时间。因此，整个算法的时间复杂性为 $\mathcal{O}(n^4)$。

综上所述，定理得证。∎

由定理 3.1 可知，算法 MCSPE 是 MCSPE 问题的 3-近似算法，并且算法的时间复杂性为 $\mathcal{O}(n^4)$，这里 n 代表端点的个数。基于算法 MCSPE 的思想，下面将介绍 MCSPE 问题的一个新的近似算法，这个算法的近似因子依然为 3，但是算法的时间复杂性却能降低到 $\mathcal{O}(n^3)$。

下面介绍新的算法来解决 MCSPE 问题，称之为算法 MCSPE-NEW。

算法 3.4　MCSPE-NEW

输入： n 个端点的集合 $X = \{r_1, r_2, \cdots, r_n\}$，正常数 l，每个 Steiner 点的费用 b，无限长的材料单位长度的费用 c_1；

输出： 细化分 Steiner 树 $\bar{T}$ 以及插入的 Steiner 点的费用与构造 $\bar{T}$ 中所有边所需要的材料费之和。

Begin

Step 1. 构造基于 n 个端点 $r_1, r_2, \cdots, r_n$ 的完全图 G，设 G 中包含 m 条边，这里 $m = \frac{n(n-1)}{2}$，并且对于每条边 e，它的长度定义为这条边

两个端点之间的欧氏距离, 记为 $w(e)$;

Step 2. 将这 m 条边的 m 个长度按照非减的次序排序, 不失一般性, 假设 $w(e_1) \leqslant w(e_2) \leqslant \cdots \leqslant w(e_m)$;

Step 3. 设 $T = (V, E_T)$, 这里 $V := X$, 并且 $E_T := \varnothing$;

Step 4. 对于每一个 $i = 1, 2, \cdots, m$, while $(w(e_i) \leqslant l)$ do

     If $(e_i$ 连接了 T 中两个不同的连通分支$)$ then $E_T := E_T \cup \{e_i\}$;

Step 5. For T 中位于三个不同连通分支的三个端点 v_1, v_2, v_3, do

     If $($存在一个 Steiner 点 s, 满足 $w(s, v_k) \leqslant l$, $k = 1, 2, 3)$ then $V := V \cup \{s\}$, 并且 $E_T := E_T \cup \{sv_1, sv_2, sv_3\}$;

Step 6. For 每一个 $i = 1, 2, \cdots, m$, while $(w(e_i) > l)$ do

     If $(e_i$ 连接了 T 中两个不同的连通分支$)$ then $E_T := E_T \cup \{e_i\}$;

Step 7. 对于 T 中的每条边 e, 在 e 上插入 $\lceil \frac{w(e)}{l} \rceil - 1$ 个 Steiner 点, 记这棵新的细化分 Steiner 树为 $\bar{T}$;

Step 8. 输出 Steiner 树 T, 细化分 Steiner 树 $\bar{T}$, 以及总费用 $b \cdot k_1 + c_1 \cdot \sum_{e \in \bar{T}} w(e)$, 这里 k_1 是 Steiner 点的数目。

End

同样的, 当 T 是一棵连接了 n 个端点 $r_1, r_2, \cdots, r_n$ 的 Steiner 树, T 的边集为 E_T 时, 我们令 $w(T)$ 或者 $w(E_T)$ 表示 T 中边的长度之和, $z(T)$ 表示 T 中 Steiner 点的数目。根据算法 MCSPE 的分析过程, 显然, 算法 MCSPE-NEW 的输出解 $\bar{T}$ 也是 MCSPE 问题实例的一个可行解, 主要的结论详见下面的定理:

定理 3.2 算法 MCSPE-NEW 是 MCSPE 问题的 3-近似算法, 算法的时间复杂性为 $\mathcal{O}(n^3)$, 这里 n 代表端点的个数。

证明 根据引理 3.5, 我们假设 T^* 是 MCSPE 问题的一棵最优树, 并且每个点的度至多为 5, 则最优值 $OPT = b \cdot z(T^*) + c_1 \cdot w(T^*)$。假设 $\bar{T}$ 是算法 MCSPE-NEW 的输出解, 输出值 $OUT = b \cdot z(\bar{T}) + c_1 \cdot w(\bar{T})$, 这里 $z(\bar{T}) = k_1$。

为了证实算法 MCSPE-NEW 的近似因子是 3, 考虑以下两个方面:

(1) 令 E_4, E_5, E_6 表示算法 MCSPE-NEW 中 Step 4~6 分别产生的边集, 则有 $E_T = E_4 \cup E_5 \cup E_6$。在 Step 5, 选择的边的数目是插入 Steiner 点的数目的三

倍，对于任意一条边 $e \in E_5$，有 $w(e) \leqslant l$，因此，可以得到：

$$|E_4| + |E_5| + |E_6| = n + \frac{|E_5|}{3} - 1,$$

$$|E_5| = \frac{3}{2}(n - |E_4| - |E_6| - 1),$$

并且

$$w(T) = w(E_4) + w(E_5) + w(E_6)$$
$$\leqslant w(E_4) + w(E_6) + \frac{3}{2}(n - |E_4| - |E_6| - 1) \cdot l.$$

根据解决最小支撑树问题的 Kruskal[79,80] 算法的策略，可知存在 G 的一棵最小支撑树 T_S 满足下列事实：$|E(T_S)| = n - 1$，$(E_4 \cup E_6) \subseteq E(T_S)$，并且对于每条边 $e \in E(T_S) - E_4$，有 $w(e) > l$。因此，可以得到

$$w(T_S) = w(E_4) + w(E_6) + w(E(T_S) - E_4 - E_6)$$
$$> w(E_4) + w(E_6) + (n - 1 - |E_4| - |E_6|) \cdot l.$$

将 T^* 中的边使用两次，可以得到一个包含了所有端点以及一些 Steiner 点的欧拉回路 C''，因为在欧几里得平面上的边长满足三角不等式，所以按照 X 中端点在欧拉回路 C'' 中第一次出现的顺序来替换边、点，得到由 X 中所有端点构成的哈密顿圈 C'，再删除哈密顿圈 C' 中的一条边，就得到一条由 X 中所有端点构成的哈密顿路 P'，同时 P' 也是一棵关于图 G 的支撑树。因此，$w(T_S) \leqslant w(P') < w(C') \leqslant w(C'') = 2w(T^*)$，这说明

$$w(\bar{T}) = w(T)$$
$$\leqslant \frac{3}{2}[w(E_4) + w(E_6) + (n - 1 - |E_4| - |E_6|) \cdot l]$$
$$< \frac{3}{2} \cdot w(T_S)$$
$$< 3 \cdot w(T^*).$$

(2) 假设 T^* 包含 k 个满块 T_1^*, T_2^*, $\cdots$, T_k^*，分别包含 n_1, n_2, $\cdots$, n_k 个端点，这里 $n_1 + n_2 + \cdots + n_k = n$。对于任意一个满块 T_j^* $(1 \leqslant j \leqslant k)$，构造基于 T_j^* 中所有端点的最小支撑树 Q_j^*，显然，$Q_1^* \cup Q_2^* \cup \cdots \cup Q_k^*$ 是 G 的一棵支撑树。

令 s_j^i 表示 T_j^* 中度为 i 的 Steiner 点的数目，这里 $2 \leqslant i \leqslant 5$，令 Q_j 表示基于 T_j^* 中 n_j 个端点的支撑树，由关于算法 MCSPE 的定理证明可知：

$$z(\bar{Q}_j^*) \leqslant z(\bar{Q}_j) \leqslant 3z(T_j^*) + 1.$$

并且 $z(\bar{T}_S) \leqslant 3z(T^*) + f$，这里 f 是 T^* 的 k 个满块中，Steiner 点的度数全为 5，并且任意两个端点之间没有直接边相连的满块的数目，即 E 类满块的数目。

用 T^i 表示图 $T = (V, E_T)$ 在经过算法 MCSPE-NEW 中 Step i 作用后的情况，特别的，T^3 包含 n 个连通分支，即只有 n 个端点。假设 T^4 包含 q 个连通分支，并且 $T^5 - T^4$ 包含 p 个 "3-星"。在 Step 5，每加入一个 Steiner 点都会把 T^4 中的三个连通分支连在一起构成一个 "3-星"，因此，T^5 中共含有 $q - 2p$ 个连通分支 $C_1, C_2, \cdots, C_{q-2p}$。根据与 Kruskal[80] 算法比较可知，对于细化分最小支撑树来说，连接三个连通分支最少需要插入两个 Steiner 点。因此，

$$z(\bar{T}) \leqslant z(\bar{T}_S) - 2p \leqslant 3z(T^*) + f - p.$$

基于 T^4 做另外一种构造。对于任何一个 E 类满块 T_j^*，若 T_j^* 只包含一个 Steiner 点 v，则点 v 必定连接五个端点，并且这五个端点最多位于两个连通分支 C_i 中（反之，如果这五个端点位于三个以上的连通分支 C_i 中，则存在一个 Steiner 点，它可以把三个 C_i 连接到起来，形成一个连通分支）。此时，在这五个端点中存在三对端点，每对端点都处于同一个 C_i 中。在 T^4 中，对这三对端点加入三条边，每条边连接一对端点，这样连通分支的数目将会减少 3。如果 T_j^* 中包含两个以上的 Steiner 点，则其中必定存在两个 Steiner 点，每个 Steiner 点连接了四个端点，则我们在这八个端点中，可以找到三对点，使得每对点都处于同一个 C_i 中。在 T^4 中，对这三对端点加入三条边，每条边连接一对端点，这样连通分支的数目将会减少 3。

图 T^4 经过上述构造过程后，最多含有 $q - 3f$ 个连通分支，同时，它的每一个连通分支都包含在某个分支 C_i 内。因此，$q - 2p \leqslant q - 3f$，计算可得 $f \leqslant \dfrac{2}{3}p$，则 $f - p \leqslant 0$。因此，

$$z(\bar{T}) \leqslant z(\bar{T}_S) - 2p \leqslant 3z(T^*) + f - p \leqslant 3z(T^*).$$

因此，最终可以得到以下事实：

$$OUT = b \cdot z(\bar{T}) + c_1 \cdot w(\bar{T})$$

$$< 3b \cdot z(T^*) + 3c_1 \cdot w(T^*)$$
$$< 3[b \cdot z(T^*) + c_1 \cdot w(T^*)]$$
$$= 3OPT.$$

算法 MCSPE-NEW 的复杂性分析如下：(1) 由于计算任意两个端点的欧氏距离可以在常数步来完成，所以 Step 1 的时间复杂性为 $\mathcal{O}(n^2)$；(2) Step 2 需要 $\mathcal{O}(n^2 \cdot \log n)$ 时间来把 $\dfrac{n(n-1)}{2}$ 条边的边长按照非减的次序排列；(3) Step 4 需要 $\mathcal{O}(n^2)$ 时间来增加一些长度不超过 l 的边；(4) Step 5 需要 $\mathcal{O}(n^3)$ 时间来确定是否存在一个 Steiner 点可以将三个连通分支连接成一个新的满足条件的分支；(5) Step 6 需要 $\mathcal{O}(n^2)$ 时间来增加一些边长超过 l 的边；(6) Step 7 需要 $\mathcal{O}(n)$ 时间来构造细化分 Steiner 树 $\bar{T}$，这里把在 Steiner 树 T 中每条边 e 上插入 $\left\lceil \dfrac{w(e)}{l} \right\rceil - 1$ 个 Steiner 点的进程当作可以在常数步完成；(7) 其他步骤需要至多 $\mathcal{O}(n^2)$ 时间。因此，整个算法的时间复杂性为 $\mathcal{O}(n^3)$。

综上所述，定理得证。∎

3.4　最小费用 Steiner 点和材料根数问题

本节介绍了最小费用 Steiner 点和材料根数问题（简记为 MCSPPSM）：在欧几里得平面 $\mathbb{R}^2$ 上，给定 n 个端点的集合 $X = \{r_1, r_2, \cdots, r_n\}$，一个正常数 l，和每根长度为 L $(l \leqslant L)$ 的材料，寻找一棵连接了所有端点的 Steiner 树 T，使得 T 中每条边的欧几里得长度不超过常数 l，并且 Steiner 点的费用和构造 T 中所有边所使用的材料费总和达到最小，即 $\min\{b \cdot k_2 + c_2 \cdot k_3 | T$ 是连接了 X 中所有端点的 Steiner 树，并且 T 中每条边的长度不超过 $l\}$，k_2 是 T 中 Steiner 点的数目，b 是每个 Steiner 点的费用，k_3 是构造 T 中所有边所需要的材料的根数，c_2 是每根材料的费用。

为了给出解决 MCSPPSM 问题的第一个近似算法，采取了以下策略：(1) 构造基于 n 个端点的完全图 G，图中边 e 的长度定义为 e 的两个端点之间的欧氏距离；(2) 寻找 G 的一棵最小支撑树 T_S，然后在 T_S 实行"细化分"的进程，则构造了一棵细化分最小 Steiner 树 $\bar{T}_S$；(3) 调用解决装箱问题的算法[18]，将 $\bar{T}_S$

中的所有边装入一些容量为 L 的箱子。

下面给出 MCSPPSM 问题的第一个近似算法，记为算法 MCSPPSM-1：

算法 3.5   MCSPPSM-1

输入：n 个端点的集合 $X = \{r_1, r_2, \cdots, r_n\}$，正常数 l，每个 Steiner 点的费用 b，长度为 $L\,(l \leqslant L)$ 的材料每根的费用 c_1；

输出：细化分 Steiner 树 $\bar{T}_S$ 以及插入的 Steiner 点的费用与构造 $\bar{T}_S$ 中所有边所需要的材料费之和。

Begin

Step 1. 构造基于 n 个端点 $r_1, r_2, \cdots, r_n$ 的完全图 G，设 G 中包含了 m 条边，这里 $m = \dfrac{n(n-1)}{2}$，并且对于每条边 e，它的长度定义为这条边两个端点之间的欧氏距离，记为 $w(e)$；

Step 2. 找图 G 关于边长函数 $w(\cdot)$ 的最小支撑树 T_S；

Step 3. 对 T_S 进行细化分，即在 T_S 的每条边 e 上插入 $\left\lceil \dfrac{w(e)}{l} \right\rceil - 1$ 个 Steiner 点，得到 $\bar{T}_S$；

Step 4. 调用 FFD 算法[18]，将 $\bar{T}_S$ 中所有的边装入 k_3 个容量为 L 箱子中；

Step 5. 输出 Steiner 树 T_S，细化分 Steiner 树 $\bar{T}_S$ 以及总费用 $b \cdot k_2 + c_2 \cdot k_3$。这里 k_2 是 Steiner 点的数目，k_3 是构造 $\bar{T}_S$ 中所有的边所需要的每根长度为 L 的材料根数。

End

为了方便起见，当 T 是一棵连接了 n 个端点 $r_1, r_2, \cdots, r_n$ 的 Steiner 树，T 的边集为 E_T 时，我们令 $w(T)$ 或者 $w(E_T)$ 表示 T 中边的长度之和，$z(T)$ 表示 T 中 Steiner 点的数目。

我们通过算法 MCSPPSM-1 可知 T_S 是连接了这 n 个端点 $r_1, r_2, \cdots, r_n$ 的 Steiner 树。经过 Step 3 的细化分过程，构造出了细化分 Steiner 树 $\bar{T}_S$，显然，在 Step 4 用每根长度为 L 的材料来构造 $\bar{T}_S$ 中的所有边，算法 MCSPPSM-1 输出的结果是 MCSPPSM 问题实例的一个可行解。

可以得到关于 MCSPPSM 问题的以下结论：

定理 3.3 算法 MCSPPSM-1 是 MCSPPSM 问题的 4-近似算法，算法的时间复杂性为 $\mathcal{O}(n^2)$，这里 n 代表端点的数目。

证明 根据引理 3.5，假设 T^* 是 MCSPPSM 问题的每个点的度不超过 5 的最短最优 Steiner 树，k^* 是构造 Steiner 树 T^* 所有边需要的每根长度为 L 的材料的根数，则最优值 $OPT = b \cdot z(T^*) + c_2 \cdot k^*$。已知 $\bar{T}_S$ 是算法 MCSPPSM-1 的输出解，k_2 是 Steiner 点的数目，k_3 是构造 $\bar{T}_S$ 中所有边需要的材料根数，则输出值 $OUT = b \cdot z(\bar{T}_S) + c_2 \cdot k_3$，这里 $z(\bar{T}_S) = k_2$。

因为 T_S 是 G 的一棵关于长度函数 $w(\cdot)$ 的最小支撑树，与定理 3.1 的证明讨论相似，可以得到

$$w(\bar{T}_S) = w(T_S) \leqslant 2w(T^*).$$

在 Step 4，细化分 Steiner 树 $\bar{T}_S$ 中长度为 $\{w(e)|e \in E(\bar{T}_S)\}$ 的所有边装入 k_3 个容量为 L 的箱子，则最多有一个箱子装入物品的大小至多为 $\frac{L}{2}$，否则箱子的数目 k_3 还可以再减少，最终可以得到 $\frac{w(\bar{T}_S)}{L} > \frac{k_3 - 1}{2}$。因此，

$$\frac{k_3 - 1}{2} < \frac{w(\bar{T}_S)}{L} \leqslant \frac{2w(T^*)}{L} \leqslant 2k^*,$$

由整数的性质，可知 $k_3 \leqslant 4k^*$。

假设 T^{**} 是在上述问题条件下，所用 Steiner 点数目最少的最优解，并且 T^{**} 中点的最大度数不超过 5，显然 $z(T^{**}) \leqslant z(T^*)$。与定理 3.1 中证明的讨论相似，可知 $z(\bar{Q}_j^{**}) \leqslant 3z(T_j^{**}) + 1$（$1 \leqslant j \leqslant k$），满块 T_j^{**} 和基于 T_j^{**} 中所有端点的最小支撑树 Q_j^{**} 都如定理 3.1 中证明过程的定义一致，则有 $z(\bar{Q}_j^{**}) \leqslant 4z(T_j^{**})$。因此，可得

$$z(\bar{T}_S) \leqslant 4z(T^{**}) \leqslant 4z(T^*).$$

有以下的结论：

$$\begin{aligned} OUT &= b \cdot z(\bar{T}_S) + c_2 \cdot k_3 \\ &\leqslant 4b \cdot z(T^*) + 4c_2 \cdot k^* \\ &= 4OPT. \end{aligned}$$

算法 MCSPPSM-1 的时间复杂性如下分析：在 Steiner 树 T 中的边 e 上插入 $\left\lceil \frac{w(e)}{l} \right\rceil - 1$ 个 Steiner 点的进程可以在常数步骤内完成，显然，算法 MCSPPSM-1 每一步的时间复杂性至多为 $\mathcal{O}(n^2)$。因此，整个算法的时间复杂性是 $\mathcal{O}(n^2)$。∎

为了改进解决 MCSPPSM 问题的近似算法，使用了以下三个策略：(1) 解决 MCSPE 问题的策略；(2) Chung 和 Graham[61] 研究的有关 Steiner 比的结论；(3) 解决装箱问题的一些近似算法。

为了保证整个算法的完整性，下面给出解决 MCSPPSM 问题的第二个算法，并且证明算法的近似因子是 3.236。

算法 3.6　MCSPPSM-2

输入：n 个端点的集合 $X = \{r_1, r_2, \cdots, r_n\}$，正常数 l，每个 Steiner 点的费用 b，长度为 L $(l \leqslant L)$ 的材料每根的费用 c_1；

输出：细化分 Steiner 树 $\bar{T}$ 以及插入的 Steiner 点的费用与构造 $\bar{T}$ 中所有边所需要的材料费之和。

Begin

Step 1. 构造基于 n 个端点 $r_1, r_2, \cdots, r_n$ 的完全图 G，设 G 中包含了 m 条边，这里 $m = \dfrac{n(n-1)}{2}$，并且对于每条边 e，它的长度定义为这条边两个端点之间的欧氏距离，记为 $w(e)$；

Step 2. 将这 m 条边的 m 个长度按照非减的次序排序，不失一般性，假设 $w(e_1) \leqslant w(e_2) \leqslant \cdots \leqslant w(e_m)$；

Step 3. 设 $T = (V, E_T)$，这里 $V := X$，并且 $E_T := \varnothing$；

Step 4. 对于每一个 $i = 1, 2, \cdots, m$，while $(w(e_i) \leqslant l)$ do
　　　　If (e_i 连接了 T 中两个不同的连通分支) then $E_T := E_T \cup \{e_i\}$；

Step 5. For T 中位于四个不同连通分支的四个端点 v_1, v_2, v_3, v_4，do
　　　　If (存在一个 Steiner 点 s，满足 $w(s, v_k) \leqslant l$，$k = 1, 2, 3, 4$) then
$V := V \cup \{s\}$，并且 $E_T := E_T \cup \{sv_1, sv_2, sv_3, sv_4\}$；

Step 6. For 每一个 $i = 1, 2, \cdots, m$，while $(w(e_i) > l)$ do
　　　　If (e_i 连接了 T 中两个不同的连通分支) then $E_T := E_T \cup \{e_i\}$；

Step 7. 对于 T 中的每条边 e，在 e 上插入 $\left\lceil \dfrac{w(e)}{l} \right\rceil - 1$ 个 Steiner 点，记这棵新的细化分 Steiner 树为 $\bar{T}$；

Step 8. 调用 FFD 算法[18]，将 $\bar{T}$ 中所有的边装入 k_3 个容量为 L 箱子中；

Step 9. 输出 Steiner 树 T，细化分 Steiner 树 $\bar{T}$，以及总费用 $b \cdot k_2 + c_2 \cdot k_3$，这里 k_2 是 Steiner 点的数目，k_3 是构造 $\bar{T}$ 中所有的边所需要的每根

长度为 L 的材料根数。

End

由算法 MCSPPSM-2，可知 G 是基于 n 个端点 $r_1, r_2, \cdots, r_n$ 的完全图，T 是连接了这 n 个端点 $r_1, r_2, \cdots, r_n$ 的 Steiner 树。经过 Step 7 的细化分过程，就构造出了细化分 Steiner 树 $\bar{T}$，在 Step 8 用每根长度为 L 材料来构建 $\bar{T}$ 中的所有边。显然，算法 MCSPPSM-2 输出的结果是 MCSPPSM 问题的一个可行解。

定理 3.4 算法 MCSPPSM-2 是 MCSPPSM 问题的近似因子为 3.236 的近似算法，算法的时间复杂性是 $\mathcal{O}(n^4)$，这里 n 代表端点的数目。

证明 根据引理 3.5，假设 T^* 是 MCSPPSM 问题的最大度不超过 5 的最短最优解，k^* 是构造 Steiner 树 T^* 中所有边所用的每根长度为 L 的材料的根数，则最优值 $OPT = b \cdot z(T^*) + c_2 \cdot k^*$。由算法 MCSPPSM-2 可知，$\bar{T}$ 是算法的输出解，k_2 是 Steiner 点的数目，k_3 是构造 $\bar{T}$ 中所有的边所需的每根长度为 L 的材料根数，则输出解 $OUT = b \cdot z(\bar{T}) + c_2 \cdot k_3$，这里 $z(\bar{T}) = k_2$。

设 T_S 是 G 的一棵最小支撑树，T^{**} 是连接了 X 中所有端点并且包含最少 Steiner 点的最优 Steiner 树。与定理 3.1 的证明讨论相似，可以得到：

$$z(T^{**}) \leqslant z(T^*), w(\bar{T}) = w(T) \leqslant \frac{4}{3} \cdot w(T_S), z(\bar{T}) \leqslant 3z(T^{**}) \leqslant 3z(T^*).$$

Chung 和 Graham[61] 给出了有关最小欧几里得 Steiner 树问题的一个较好的下界，即 $\inf \left\{ \dfrac{w(T_M)}{w(T_S)} \right\} > 0.824$，这里 T_M 是基于 X 中所有端点的最小 Steiner 树，则可以得到

$$w(T_S) \leqslant 1.2136 w(T_M) \leqslant 1.2136 w(T^*).$$

由装箱问题的 FFD 算法[18] 可知，当 $k_3 = 1$，显然有 $k_3 \leqslant k^*$；当 $k_3 \geqslant 2$，可得 $w(\bar{T}) > \dfrac{L}{2}(k_3 - 2) + L$。这说明两种情况下都有 $k_3 < \dfrac{2w(\bar{T})}{L}$，因此，可以得到以下结果：

$$\begin{aligned} k_3 &< \frac{2w(\bar{T})}{L} \\ &= \frac{2}{L} w(T) \\ &\leqslant \frac{2}{L} \cdot \frac{4}{3} w(T_S) \end{aligned}$$

$$\leqslant \frac{8}{3L} \cdot 1.2136 w(T^*)$$

$$\leqslant 3.236 \cdot \frac{k^* \cdot L}{L}$$

$$= 3.236 k^*.$$

概括可得下面的结论：

$$OUT = b \cdot z(\bar{T}) + c_2 \cdot k_3$$

$$< 3b \cdot z(T^*) + 3.236 c_2 \cdot k^*$$

$$< 3.236 OPT.$$

由算法 MCSPE 和算法 MCSPPSM-1 时间复杂性的讨论易知，算法 MCSPPSM-2 的时间复杂性是 $\mathcal{O}(n^4)$。

综上所述，定理得证。∎

基于算法 MCSPPSM-2 的思想，下面给出 MCSPPSM 问题的一个新的近似算法，这个新算法的近似因子虽然提高到了 3.64，但是算法的时间复杂性却能降低到 $\mathcal{O}(n^3)$。

算法 3.7　MCSPPSM-2-NEW

输入：n 个端点的集合 $X = \{r_1, r_2, \cdots, r_n\}$，正常数 l，每个 Steiner 点的费用 b，长度为 L $(l \leqslant L)$ 的材料每根的费用 c_1；

输出：细化分 Steiner 树 $\bar{T}$ 以及插入的 Steiner 点的费用与构造 $\bar{T}$ 中所有边所需要的材料费之和。

Begin

Step 1. 构造基于 n 个端点 $r_1, r_2, \cdots, r_n$ 的完全图 G，设 G 中包含了 m 条边，这里 $m = \dfrac{n(n-1)}{2}$，并且对于每条边 e，它的长度定义为这条边两个端点之间的欧氏距离，记为 $w(e)$；

Step 2. 将这 m 条边的 m 个长度按照非减的次序排序，不失一般性，假设 $w(e_1) \leqslant w(e_2) \leqslant \cdots \leqslant w(e_m)$；

Step 3. 设 $T = (V, E_T)$，这里 $V := X$，并且 $E_T := \varnothing$；

Step 4. 对于每一个 $i = 1, 2, \cdots, m$，while $(w(e_i) \leqslant l)$ do

　　　　If (e_i 连接了 T 中两个不同的连通分支) then $E_T := E_T \cup \{e_i\}$；

Step 5. For T 中位于三个不同连通分支的三个端点 v_1, v_2, v_3, do

　　　If (存在一个 Steiner 点 s, 满足 $w(s, v_k) \leqslant l$, $k = 1, 2, 3$) then

$V := V \cup \{s\}$, 并且 $E_T := E_T \cup \{sv_1, sv_2, sv_3\}$;

Step 6. For 每一个 $i = 1, 2, \cdots, m$, while $(w(e_i) > l)$ do

　　　If (e_i 连接了 T 中两个不同的连通分支) then $E_T := E_T \cup \{e_i\}$;

Step 7. 对于 T 中的每条边 e, 在 e 上插入 $\lceil \frac{w(e)}{l} \rceil - 1$ 个 Steiner 点, 记这棵新的细化分 Steiner 树为 $\bar{T}$;

Step 8. 调用 FFD 算法[18], 将 $\bar{T}$ 中所有的边装入 k_3 个容量为 L 箱子中;

Step 9. 输出 Steiner 树 T, 细化分 Steiner 树 $\bar{T}$, 以及总费用 $b \cdot k_2 + c_2 \cdot k_3$, 这里 k_2 是 Steiner 点的数目, k_3 是构造 $\bar{T}$ 中所有的边所需要的每根长度为 L 的材料根数。

End

同样的, 可以知道: G 是基于 n 个端点 r_1, r_2, $\cdots$, r_n 的完全图, 而 T 是连接了这 n 个端点 r_1, r_2, $\cdots$, r_n 的 Steiner 树。经过 Step 7 的细化分过程, 就构造出了细化分 Steiner 树 $\bar{T}$, 在 Step 8 我们用每根长度为 L 材料来构建 $\bar{T}$ 中的所有边, 由算法 MCSPPSM-2 的分析过程可知, 算法 MCSPPSM-2-NEW 输出的结果依然是 MCSPPSM 问题的一个可行解。

定理 3.5 算法 MCSPPSM-2-NEW 是 MCSPPSM 问题的近似因子为 3.64 的近似算法, 算法的时间复杂性是 $\mathcal{O}(n^3)$, 这里 n 代表端点的数目。

证明 根据引理 3.5, 假设 T^* 是 MCSPPSM 问题的最大度不超过 5 的最短最优解, k^* 是构造 Steiner 树 T^* 中所有边所用的每根长度为 L 的材料的根数, 则最优值 $OPT = b \cdot z(T^*) + c_2 \cdot k^*$。由算法 MCSPPSM-2-NEW 可知, $\bar{T}$ 是算法的输出解, k_2 是 Steiner 点的数目, k_3 是构造 $\bar{T}$ 中所有的边所需要的每根长度为 L 的材料根数, 则输出解 $OUT = b \cdot z(\bar{T}) + c_2 \cdot k_3$, 这里 $z(\bar{T}) = k_2$。

设 T_S 是 G 的一棵最小支撑树, T^{**} 是连接了 X 中所有端点并且包含最少 Steiner 点的最优 Steiner 树。与有关算法 MCSPE-NEW 的定理证明讨论相似, 可以得到:

$$z(T^{**}) \leqslant z(T^*), w(\bar{T}) = w(T) \leqslant \frac{3}{2} \cdot w(T_S), z(\bar{T}) \leqslant 3z(T^{**}) \leqslant 3z(T^*).$$

Chung 和 Graham[61] 给出了有关最小欧几里得 Steiner 树问题的一个较好

的下界, 即 $\inf\left\{\dfrac{w(T_M)}{w(T_S)}\right\} > 0.824$, 这里 T_M 是基于 X 中所有端点的最小 Steiner 树, 则可以得到

$$w(T_S) \leqslant 1.2136w(T_M) \leqslant 1.2136w(T^*).$$

由装箱问题的 FFD 算法[18] 可知, 当 $k_3 = 1$, 显然有 $k_3 \leqslant k^*$; 当 $k_3 \geqslant 2$, 可得 $w(\bar{T}) > \dfrac{L}{2}(k_3 - 2) + L$。这说明两种情况下都有 $k_3 < \dfrac{2w(\bar{T})}{L}$, 因此, 可以得到以下的结果:

$$
\begin{aligned}
k_3 &< \frac{2w(\bar{T})}{L} \\
&= \frac{2}{L}w(T) \\
&\leqslant \frac{2}{L} \cdot \frac{3}{2}w(T_S) \\
&\leqslant \frac{3}{L} \cdot 1.2136w(T^*) \\
&\leqslant 3.64 \cdot \frac{k^* \cdot L}{L} \\
&= 3.64k^*.
\end{aligned}
$$

概括可得下面的结论:

$$
\begin{aligned}
OUT &= b \cdot z(\bar{T}) + c_2 \cdot k_3 \\
&< 3b \cdot z(T^*) + 3.64c_2 \cdot k^* \\
&< 3.64OPT.
\end{aligned}
$$

由算法 MCSPE-NEW 和算法 MCSPPSM-2 时间复杂性的讨论易知, 算法 MCSPPSM-2-NEW 的时间复杂性是 $\mathcal{O}(n^3)$。

综上所述, 定理得证。∎

第 4 章　网格分层思想在平面 Steiner 树构建问题中的应用

同一个问题往往可以用不同算法解决，而一个算法的质量优劣将影响到算法乃至程序的效率。算法分析的目的在于选择合适算法和改进算法。通常来说，对于一个给定的算法，要做两步分析：第一步是从数学上证明算法的正确性，而在证明了算法是正确的基础上，第二步就是分析算法的时间复杂性。算法的时间复杂性反映了程序执行时间随输入规模增长而增长的量级，在很大程度上能很好反映出算法的优劣与否。因此，改进算法时间复杂性是很有必要的。

前文已经针对 MCSPE 问题以及 MCSPPSM 问题给出了不同的近似算法，但是无论关于 MCSPE 问题的算法 MCSPE 和算法 MCSPE-NEW，还是关于 MCSPPSM 问题的算法 MCSPPSM-1、算法 MCSPPSM-2 和算法 MCSPPSM-2-NEW，它们的时间复杂性都较高。我们通过对算法时间复杂性的分析可知算法 MCSPE、算法 MCSPPSM-2 的时间复杂性主要在于两个算法中 Step 5 找 4-星的复杂性；算法 MCSPE-NEW，算法 MCSPPSM-2-NEW 的时间复杂性主要在于两个算法的 Step 5 找 3-星的复杂性。因此，如果能够降低在图中寻找 4-星（或 3-星）的时间复杂性，就可以大幅度降低上述算法的时间复杂性，从而提高算法的计算效率。

4.1 网格分层思想概述

Papadimitriou 和 Yannakakis 在文献 [81] 中设计了一种宽度优先搜索算法用于解决平面图上的最大团问题，他们通过将图中的点集按层级进行排列划分，避免了算法在同一层中对不可能形成 K_4 团的 4 个点的情况进行判断的过程，使解决平面图上的最大团问题的算法复杂性从 $\mathcal{O}(n^4)$ 大幅降低为 $\mathcal{O}(n)$。因此，下面将参考文献 [81] 中的算法思想来改进已有的算法。

引理 4.1 在边长为 $2l$ 的正方形 $ABCD$ 内，放入若干点，要求放入的这些点中任意两个点的距离都大于 l，则可以放入点的数目不超过 9 个。

证明 将边长为 $2l$ 的正方形 $ABCD$ 的边长三等分，则正方形 $ABCD$ 被平均分成 9 个小正方形，对于每个小正方形而言，小正方形内可以容纳的最长线段（对角线）长度为 $\dfrac{2\sqrt{2}l}{3}$ $(< l)$，在正方形内放入距离大于 l 的点，每个小正方形内至多可以放入一个。因此，在正方形 $ABCD$ 内至多可以放入 9 个满足条件的点，引理得证。■

引理 4.2 若在边长为 l 的正方形内，放入若干点，要求放入的这些点中任意两个点的距离都大于 l，则可以放入点的数目不超过 3 个。

如果边长为 l 的正方形内放入了 4 个点，则这 4 个点中必然存在两个点之间相互距离为小于等于 l（即 4 个顶点），引理显然成立。

在前面算法中，寻找 4-星是通过对端点集 X 中任意四个点进行判别，判断这四个点能否通过加入一个 Steiner 点，连接四条长度不超过 l 的边来形成一个 4-星，此步骤用到的是穷举算法的思想。因此，算法时间复杂性较高，达到了 $\mathcal{O}(n^4)$，但是考虑到在欧几里得平面上距离的特殊性，一些点在欧几里得平面上距离较远，根本没有连接在一起构成 4-星的可能性，所以这些情况根本没有必要去考虑。如果能够将此种类型的情况排除掉，在寻找可构成 4-星的点过程中避开这些情况，那么算法的时间复杂性必然会大大降低。

在欧几里得平面上，给定的集合 X 中的端点位置坐标已经固定，X 中端点必定处于一个有限的区域中，不妨设该区域为一个有限的矩形区域，那么在寻找 4-星的时候，不妨考虑从矩形区域的一端出发，考虑附近可以构成 4-星的情况，而较远的地方暂时不用考虑，然后逐步向另一端推进，前面已经过掉的区域也就不用再进行重复考虑，依次而行，我们即可检查所有可以构成 4-星的情况，但同时减少了很多无用功。按照此种思路，给出了一个在平面上如何找出所有 4-星的算法——网格分层算法，算法如下所示：

算法 4.1　网格分层

输入：欧几里得平面 $\mathbb{R}^2$ 上的不连通图 $G = (X, E)$，并且任意两个不连通的分支距离都超过正常数 l；

输出：4-星的连接情况。

Begin

Step 1. 在欧几里得平面 $\mathbb{R}^2$ 上，构造能够包含 X 中所有端点的最小矩形；

Step 2. 将此矩形用两组等距平行线（两组平行线分别平行于矩形的长和宽）将此矩形划分成若干边长为 l 的正方形（称为单元格）；

Step 3. 从该矩形左下角的一个单元格开始（不妨设其中包含 X 中点）从下至上，对每排单元格按照从左至右的顺序标号，若单元格中不包含 X 中的端点，则跳过该单元格不标号，不妨设标号依次为 $1, 2, \cdots, k$，则 $k \leqslant n$，如图 4.1 所示（X 中端点用 $\star$ 表示）；

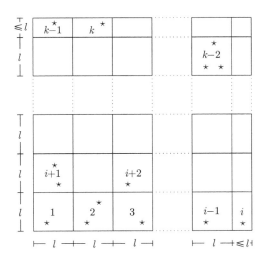

图 4.1　网格标号方式（横向）

Step 4. 按照标号顺序依次对标号的单元格执行以下操作：设当前对标号为 i（$1 \leqslant i \leqslant k$）的单元格操作，考虑单元格 i 以及与 i 相邻的至多八个单元格中的连通块，考虑其中任意四块是否可以插入一个 Steiner 点通

过不超过 l 的边连接成一个 4-星，对可以形成的 4-星连接相应的边；

Step 5. 输出 4-星的连接情况。

End

定理 4.1   网格分层算法考虑了图 G 中所有可以构成满足条件的 4-星的情况，算法的时间复杂性是 $\mathcal{O}(n)$，这里 n 代表 G 中点的数目。

证明   4-星是要求通过插入一个 Steiner 点，利用四条长度不超过 l 的边连接四个连通块，即相当于可以由一个半径为 l 的圆覆盖，上述算法将图形区域划分成边长为 l 的单元格。显然可以看出，若存在可以形成 4-星的四个连通块，这四个连通块必然存在于一个九宫格内（相邻的 9 个单元格），则上述算法在执行到此九宫格中央的单元格时就已经考虑过这种情况了。

按照上述算法，算法的执行步骤共依次操作 k 个（$k \leqslant n$）单元格，并且在操作每个单元格时，最多考虑了以此单元格为中心的 9 个单元格中点的情况。其中每个单元格最多含有 3 个不同的连通块，则在此 9 个单元格的连通块中任意选取四个进行考虑，最多选取 C_{27}^4 次，而每次判断是否存在 4-星的复杂性是常数的。因此，上述算法的时间复杂性为 $\mathcal{O}(n)$。

综上所述，定理得证。∎

4.2   网格分层算法应用

调用上述网格分层算法对算法 MCSPE 和算法 MCSPPSM-2 进行修正，在保证这两个算法的近似因子的情况下，我们将大大降低算法的时间复杂性。下面，介绍 MCSPE 问题和 MCSPPSM 问题两个新的近似算法：

算法 4.2   MCSPE-网格分层

输入： n 个端点的集合 $X = \{r_1, r_2, \cdots, r_n\}$，正常数 l，每个 Steiner 点的费用 b，无限长的材料单位长度的费用 c_1；

输出： 细化分 Steiner 树 $\bar{T}$ 以及插入的 Steiner 点的费用与构造 $\bar{T}$ 中所有边所需要的材料费之和。

Begin

Step 1. 构造基于 n 个端点 $r_1, r_2, \cdots, r_n$ 的完全图 G，设 G 中包含 m 条边，这里 $m = \dfrac{n(n-1)}{2}$，并且对于每条边 e，它的长度定义为这条边两个端点之间的欧氏距离，记为 $w(e)$；

Step 2. 将这 m 条边的 m 个长度按照非减的次序排序，不失一般性，假设 $w(e_1) \leqslant w(e_2) \leqslant \cdots \leqslant w(e_m)$；

Step 3. 设 $T = (V, E_T)$，这里 $V := X$，并且 $E_T := \varnothing$；

Step 4. 对于每一个 $i = 1, 2, \cdots, m$，while $(w(e_i) \leqslant l)$ do
　　　　If (e_i 连接了 T 中两个不同的连通分支) then $E_T := E_T \cup \{e_i\}$；

Step 5. 调用网格算法构造基于图 $T = (V, E_T)$ 的 4-星；

Step 6. For 每一个 $i = 1, 2, \cdots, m$，while $(w(e_i) > l)$ do
　　　　If (e_i 连接了 T 中两个不同的连通分支) then $E_T := E_T \cup \{e_i\}$；

Step 7. 对于 T 中的每条边 e，在 e 上插入 $\left\lceil \dfrac{w(e)}{l} \right\rceil - 1$ 个 Steiner 点，记这棵新的细化分 Steiner 树为 $\bar{T}$；

Step 8. 输出 Steiner 树 T，细化分 Steiner 树 $\bar{T}$，以及总费用 $b \cdot k_1 + c_1 \cdot \sum_{e \in \bar{T}} w(e)$，这里 k_1 是 Steiner 点的数目。

End

定理 4.2 上述算法是 MCSPE 问题的 3-近似算法，算法的时间复杂性为 $\mathcal{O}(n^2 \cdot \log n)$，这里 n 代表端点的数目。

证明 上述算法在算法 MCSPE 的基础上进行了修正、优化，它基于算法 MC-SPE 的框架，将算法 Step 5 中寻找 4-星的步骤调用网格分层算法解决。根据关于网格分层算法定理的证明可知，新算法中的 Step 5 与原算法作用相同，算法的近似因子保持不变。因此，该算法依然是 MCSPE 问题的 3-近似算法。

由算法 MCSPE 和网格分层算法的时间复杂性分析易知，上述算法中 Step 1 的时间复杂性为 $\mathcal{O}(n^2)$，Step 2 能够在 $\mathcal{O}(n^2 \cdot \log n)$ 单位时间内完成，Step 4~6 每个步骤的时间复杂性都是 $\mathcal{O}(n^2)$，Step 7 能够在 $\mathcal{O}(n)$ 单位时间内完成。因此，该算法所需要的初等运算步骤之和为 $\mathcal{O}(n^2 \cdot \log n)$。∎

算法 4.3　MCSPPSM-2-网格分层

输入： n 个端点的集合 $X = \{r_1, r_2, \cdots, r_n\}$，正常数 l，每个 Steiner 点的费用 b，长度为 L $(l \leqslant L)$ 的材料每根的费用 c_1；

输出： 细化分 Steiner 树 $\overline{T}$ 以及插入的 Steiner 点的费用与构造 $\overline{T}$ 中所有边所需要的材料费之和。

Begin

Step 1. 构造基于 n 个端点 $r_1, r_2, \cdots, r_n$ 的完全图 G，设 G 中包含了 m 条边，这里 $m = \dfrac{n(n-1)}{2}$，并且对于每条边 e，它的长度定义为这条边两个端点之间的欧氏距离，记为 $w(e)$；

Step 2. 将这 m 条边的 m 个长度按照非减的次序排序，不失一般性，假设 $w(e_1) \leqslant w(e_2) \leqslant \cdots \leqslant w(e_m)$；

Step 3. 设 $T = (V, E_T)$，这里 $V := X$，并且 $E_T := \varnothing$；

Step 4. 对于每一个 $i = 1, 2, \cdots, m$，while $(w(e_i) \leqslant l)$ do

If $(e_i$ 连接了 T 中两个不同的连通分支$)$ then $E_T := E_T \cup \{e_i\}$；

Step 5. 调用网格算法构造基于图 $T = (V, E_T)$ 的 4-星；

Step 6. For 每一个 $i = 1, 2, \cdots, m$，while $(w(e_i) > l)$ do

If $(e_i$ 连接了 T 中两个不同的连通分支$)$ then $E_T := E_T \cup \{e_i\}$；

Step 7. 对于 T 中的每条边 e，在 e 上插入 $\left\lceil \dfrac{w(e)}{l} \right\rceil - 1$ 个 Steiner 点，记这棵新的细化分 Steiner 树为 $\overline{T}$；

Step 8. 调用 FFD 算法[18]，将 $\overline{T}$ 中所有的边装入 k_3 个容量为 L 箱子中；

Step 9. 输出 Steiner 树 T，细化分 Steiner 树 $\overline{T}$ 以及总费用 $b \cdot k_2 + c_2 \cdot k_3$，这里 k_2 是 Steiner 点的数目，k_3 是构造 $\overline{T}$ 中所有的边所需要的每根长度为 L 的材料根数。

End

定理 4.3 上述算法是 MCSPPSM 问题的近似因子为 3.236 的近似算法，算法的时间复杂性为 $\mathcal{O}(n^2 \cdot \log n)$，这里 n 代表端点的数目。

证明 上述算法是在算法 MCSPPSM-2 的基础上进行了修正、优化，它将算法 MCSPPSM-2 中的 Step 5 寻找 4-星的步骤调用网格分层算法解决，根据关于网格分层算法定理的证明可知，该算法中的 Step 5 的作用与算法 MCSPPSM-2 中的 Step 5 作用相同，算法的近似因子保持不变。因此，该算法依然是 MCSPPSM 问题的 3.236-近似算法。

由算法 MCSPPSM-2 和网格分层算法的时间复杂性分析易知，上述算法中

Step 1 的时间复杂性为 $\mathcal{O}(n^2)$，Step 2 能够在 $\mathcal{O}(n^2 \cdot \log n)$ 单位时间内完成，Step 4~6 每个步骤的时间复杂性都是 $\mathcal{O}(n^2)$，Step 7 能够在 $\mathcal{O}(n)$ 单位时间内完成，Step 8 调用的有关装箱问题的 FFD 算法的时间复杂性为 $\mathcal{O}(n^2)$。因此，该算法所需要的初等运算步骤之和为 $\mathcal{O}(n^2 \log n)$。∎

第 5 章　欧几里得平面上满 Steiner 树构建问题

本章介绍了在欧几里得平面上满 Steiner 树（Full Steiner Tree）构建问题的几种方式。主要包括欧几里得平面上满 Steiner 树的构建问题，材料根数最少的满 Steiner 树构建问题，最少 Steiner 点限制性满 Steiner 树构建问题，以及最少 Steiner 点、边费用限制性满 Steiner 树构建问题。

5.1　问题提出

给定无向图 $G = (V, E)$，权重函数 $w : E \to \mathbb{R}^+$，端点集 $R \subseteq V$，称连接了所有端点的无圈连通图是一棵 Steiner 树，而 Steiner 树中除了端点以外的其他新加入的点称为 Steiner 点。

Steiner 树问题第一次定义是在 Gauss 写给 Schumacher 的信中，它是一个著名的组合优化问题，并且在近似算法领域占据了中心的位置。即使是使用欧式长度度量方式或者直线度量方式 [82,83]，这个问题依然是 NP-完备的 [57,83,84]。经典的 Steiner 树问题在许多现实问题中都有广泛的应用 [54,66]，例如用超大规模集成电路的设计来构建计算生物学中的系统发生树，本地路由选择，远程通信，波分复用最优网络 [85,86] 以及交通运输。在过去的研究 [18,30,54,57,59,66] 中，作者们讨论了 Steiner 树问题的一些衍生问题，特别是欧几里得 Steiner 树问题。

欧几里得 Steiner 树问题是在欧几里得平面 $\mathbb{R}^2$ 上，寻找一棵连接了所有给定的端点，并且允许增加一些额外的 Steiner 点的 Steiner 树，使得这棵 Steiner 树边的总长度达到最小。树上两点之间的长度定义为它们之间的欧氏距离，并且该树允许添加给定端点集以外的点，称之为 Steiner 点。不同于网络图上的 Steiner 树问题，欧几里得 Steiner 树问题并不是把 Steiner 点作为输入，而是在连接给定端点集的过程中引入需要的 Steiner 点，使得最后连接的线段长度之和达到最小。

特别的，在欧几里得平面 $\mathbb{R}^2$ 上，任意三点所形成的边的权重满足三角不等式。即对于平面上的任意三个点 x, y, z，都有 $w(xy) \leqslant w(xz) + w(zy)$ 成立，这里 $w(xy)$，$w(xz)$ 和 $w(zy)$ 都是指两点之间欧氏距离。目前，欧几里得 Steiner 树问题依然广泛地应用于如高铁以及输油管线的设计构建过程中。

显然，对于 Steiner 树问题，Steiner 树的每个叶子点都是端点集 R 中的点，然而端点集 R 中的每个点却不一定是 Steiner 树的叶子点。如果端点集 R 中的每个点都是 Steiner 树的叶子点，那么称这棵 Steiner 树是满 Steiner 树[75,87]。满 Steiner 树问题是寻找一棵满的 Steiner 树，使得树中边的总长达到最小。

在欧几里得平面 $\mathbb{R}^2$ 上，给定 n 个端点的集合 $X = \{x_1, x_2, \cdots, x_n\}$，寻找一棵连接了 X 中所有端点的 Steiner 树 $T = (V, E)$（树上两点之间的长度定义为它们之间的欧氏距离，并且该树允许添加给定端点集以外的点，称之为 Steiner 点），使得 X 中的所有点都是树 T 中的叶子点，并且 T 的总长度达到最小。我们称这个问题为欧几里得平面 $\mathbb{R}^2$ 上的满 Steiner 树问题。

Lin 和 Xue[88] 设计了在普通图上满 Steiner 树问题的多项式时间近似算法，算法的近似因子是 $\rho + 2$，这里 ρ 是普通图上 Steiner 树问题最好的近似因子（目前，$\rho \approx 1.550$，详见文献[89]）。Drake 和 Hougardy[90,91] 改进算法的近似因子到 2ρ。Martinez 等[92] 描述了一个近似因子更好的算法，即 $\left(2\rho - \dfrac{\rho}{(3\rho - 2)}\right)$-近似算法来解决满 Steiner 树问题。2007 年，Lin[93] 给出了在欧几里得平面上最少 Steiner 点限制性满 Steiner 树问题的一个 $(5 + \varepsilon)$-近似算法。

现实社会中，我们需要使用不同种类的材料来构建欧几里得平面 $\mathbb{R}^2$ 上 Steiner 树的所有边。因此，我们需要深入地研究以下的组合优化问题：

(1) 在欧几里得平面 $\mathbb{R}^2$ 上，给定 n 个端点的集合 $X = \{x_1, x_2, \cdots, x_n\}$，寻找一棵连接了 X 中所有端点的满 Steiner 树 T，利用一种特殊的材料来构建树 T 中的边，使得所用的材料尽可能少。本书根据所使用材料的不同介绍了如下在欧几里得平面上满 Steiner 树问题的两种变形问题：

1) 如果构造这棵满 Steiner 树中所有边的材料是无限长的, 则问题的目标是使得构造 T 中所有边使用的材料的总长度达到最小, 即 $\min\sum\limits_{e\in T} w(e)$, 这里 T 是一棵满 Steiner 树, $w(e)$ 是 T 中边 e 的长度。我们称这个问题为欧几里得平面上满 Steiner 树构建问题 (Minimum Length Full Steiner Tree Problem, 简记为 MLFST);

2) 如果构造这棵满 Steiner 树中所有边的材料是每根长度为 L 的成品材料, 则问题的目标是使得构造 T 中所有边使用的材料的根数达到最小, 即 $\min k$, 这里 T 是一棵满 Steiner 树, k 是构建 T 中边所用的材料根数。我们称这个问题为材料根数最少的满 Steiner 树构建问题 (Minimum-Number of a Specific Material for the Full Steiner Tree Problem, 简记为 MNFST)。

(2) 在欧几里得平面 $\mathbb{R}^2$ 上, 给定 n 个端点的集合 $X = \{x_1, x_2, \cdots, x_n\}$ 和一个正常数 l, 寻找一棵连接了 X 中所有端点的满 Steiner 树 T, 使得 T 中每条边的长度不超过 l, 并且插入的 Steiner 点的数目达到最小。我们称这个问题为最少 Steiner 点限制性满 Steiner 树构建问题 (简记为 MNSCFST)。

(3) 在欧几里得平面 $\mathbb{R}^2$ 上, 给定 n 个端点的集合 $X = \{x_1, x_2, \cdots, x_n\}$, 一个正常数 l 和无限长的材料, 寻找一棵连接了 X 中所有端点的满 Steiner 树 T, 使得 T 中每条边的长度不超过 l, 并且插入的 Steiner 点的费用和构造 T 中所有边所使用的材料费总和达到最小。我们称这个问题为最少点、边费用限制性满 Steiner 树构建问题 (简记为 MCSLCFST)。

本书将结合 "细化分" 这个步骤以及解决装箱问题的策略[18] 来设计一些解决 MNFST 问题和 MNSCFST 问题的近似算法。

在 T 的每条边上插入 $I(e) = \left\lceil \dfrac{w(e)}{L} \right\rceil - 1$ 新点, 使得 $\bar{T}$ 中每条边的长度不超过 L, 这样就形成了 T 的一棵细化分树 $\bar{T}$。现在, 我们将介绍如何在每条边 $e\in T$ 上插入 $I(e)$ 个点 (如果需要插入): (1) 对于每条长度 $w(e) > L$ 的边 e, 需要在 e 上插入 $I(e)$ 个点来得到 $I(e) + 1$ 新边, 使得前 $I(e)$ 条连续的新边 (称之为连续整边), 每条边的长度都恰好等于 L, 最后剩余的那条新边 (称之为尾边) 的边长是 $r(e) = w(e) - I(e)\cdot L \leqslant L$。(2) 对于每条长度 $0 < w(e) \leqslant L$ 的边 e, $I(e) = \left\lceil \dfrac{w(e)}{L} \right\rceil - 1 = 0$, 也就是说, 在这条边 e 上不需要插入任何点, 此时令 $r(e) = w(e)$。为方便起见, 在下面的算法中, 我们仍旧称这条边为 e 的尾边, 称

这个过程为"细化分"过程。经过这个过程后，T 的细化分树 $\bar{T}$ 中每条边的长度都不超过 L。

当使用 Steiner 树中的线段或者说是边 $e = uv$ 时，把这条线段或者说边 $e = uv$ 看作是一个大小为 $w(u,v)$ 的"物品"。当使用长度为 L 的一整根材料或者它的一部分来构造 Steiner 树中长度为 $w(u,v) \leqslant L$ 的边 $e = uv$ 时，称这个过程为"将长度为 $w(u,v)$ 的线段 uv，或者说是边 uv 装入容量为 L 的箱子"，又或者说"将大小为 $w(u,v)$ 的物品装入容量为 L 的箱子"。

5.2　基本引理

本节介绍了一个基本引理，在下面几节中，我们将使用它来更好地证明算法的正确性和近似度。

引理 5.1[94]　设 n 个物品 $a_1, a_2, \cdots, a_n$ 的大小分别为 $s(a_1), s(a_2), \cdots, s(a_n)$，这里 $0 < s(a_i) \leqslant \dfrac{L}{2}$（$1 \leqslant i \leqslant n$）。若调用 FFD 算法[18] 将这 n 个物品放入一些容量为 L 的箱子，则除了最后一个使用的箱子外，其余每个箱子所装入物品的容量都超过 $\dfrac{2L}{3}$。

证明　按照 FFD 算法[18]，首先将物品 $a_1, a_2, \cdots, a_n$ 的大小按照非增的次序排列，不失一般性，假设排列后的顺序为 $s(a_1) \geqslant s(a_2) \geqslant \cdots \geqslant s(a_n)$。设算法结束后，所使用的箱子为按顺序分别为 $B_1, B_2, \cdots, B_m$，每个箱子中装入物品的容量记为 $f(B_i)$。

考虑第 i 个箱子 B_i（其中，$i = 1, 2, \cdots, m-1$），设 B_i 中放入的物品依次为 $a_{j_1}, a_{j_2}, \cdots, a_{j_k}$，由算法可知 $s(a_{j_1}) \geqslant s(a_{j_2}) \geqslant \cdots \geqslant s(a_{j_k})$，因为 a_{j_k} 是最后一个能放入箱子 B_i 的物品，并且 B_i 不是最后一个打开的箱子，所以 a_{j_k} 之后的物品都不能放入箱子 B_i 中，否则不会打开新的箱子 B_{i+1}。

现在假设 $\sum\limits_{i=1}^{k} s(a_{j_i}) \leqslant \dfrac{2L}{3}$，因为物品的大小 $s(a_i) \leqslant \dfrac{L}{2}$（$1 \leqslant i \leqslant n$），所以箱子 B_i 中至少能装入两个物品，从而有 $k \geqslant 2$，于是有

$$\frac{2L}{3} \geqslant \sum_{i=1}^{k} s(a_{j_i}) \geqslant k \cdot s(a_{j_k}) \geqslant 2 \cdot s(a_{j_k}),$$

可得 $s(a_{j_k}) \leqslant \dfrac{L}{3}$。又因为 a_{j_k} 后的物品都不能放入箱子 B_i 中，所以

$$\sum_{i=1}^{k} s(a_{j_i}) + s(a_{j_k+1}) > L,$$

从而有

$$s(a_{j_k+1}) > L - \sum_{i=1}^{k} s(a_{j_i}) > L - \frac{2L}{3} = \frac{L}{3}.$$

于是 $s(a_{j_k}) > s(a_{j_k+1})$，这与物品大小的排列顺序矛盾，故假设不成立。因此，

$$f(B_i) = \sum_{i=1}^{k} s(a_{j_i}) > \frac{2L}{3} \quad (i = 1, 2, \cdots, m-1).$$

综上所述，引理得证。■

引理 5.1 表明装"小"物品 $\left(0 < s(a_i) \leqslant \dfrac{L}{2} \right)$ 的装箱问题的性质。

5.3 欧几里得平面上满 Steiner 树构建问题

本节首先介绍了欧几里得平面上满 Steiner 树构建问题（简记为 MLFST）：在欧几里得平面 $\mathbb{R}^2$ 上，给定 n 个端点的集合 $X = \{x_1, x_2, \cdots, x_n\}$ 和无限长的材料，寻找一棵连接了 X 中所有端点的满 Steiner 树 T，使得构造 T 中所有边使用的材料的总长度达到最小，即 $\min \sum\limits_{e \in T} w(e)$，这里 T 是一棵满 Steiner 树，$w(e)$ 是 T 中边 e 的长度。

各位读者知道有许多解决最小支撑树问题的多项式时间算法，比如，时间复杂性均为 $\mathcal{O}(n^2)$ 的 Kruskal 算法[79]，Prim 算法[95] 和反圈算法[96]。为了方便起见，我们把上述两个算法统一记为算法 MST。

为了给出渐近近似算法来解决 MLFST 问题，我们采取了以下策略：(1) 将 X 中的所有端点向左平移一小段距离，可以得到一个新的点集合 X'；(2) 调用最优算法 MST 寻找连接了 X' 中所有点的最小支撑树 T'，增加一些小边来将每一个端点与它在 T' 对应的点相连接。

MLFST 问题的近似算法描述如下所示：

算法 5.1 MLFST

输入：欧几里得平面 $\mathbb{R}^2$ 上 n 个端点的集合 $X = \{x_1, x_2, \cdots, x_n\}$，无限长的材料；

输出：满 Steiner 树 T 以及 $\sum\limits_{e \in T} w(e)$。

Begin

Step 1. 将 X 中所有端点向左平移 $\varepsilon(< \dfrac{1}{2n})$ 个单位长度，得到对应点集 $X' = \{x'_1, x'_2, \cdots, x'_n\}$；

Step 2. 在欧几里得平面 $\mathbb{R}^2$ 上，构建基于 X' 中所有点的完全图 G'，调用算法 MST 寻找 G' 的最小支撑树 T'；

Step 3. 构造新图 $T := T' \cup X \cup \{e | e = (x'_i, x_i), 1 \leqslant i \leqslant n\}$；

Step 4. 使用必要的材料长度来构建 T 中所有的边，输出 T 以及使用的材料长度 $\sum\limits_{e \in T} w(e)$。

End

我们通过算法 MLFST 可知 T 是一棵连接了 n 个端点 $x_1, x_2, \cdots, x_n$ 的 Steiner 树，并且每个端点都是 T 中的一个叶子点，换句话说，T 显然是 MLFST 问题实例的一个可行解。

主要的结果详见下面的定理：

定理 5.1　算法 MLFST 是解决 MLFST 问题的一个渐近近似算法，满足 $OUT \leqslant 1.214OPT + 0.5$，算法的时间复杂性是 $\mathcal{O}(n^2)$。

证明　设 $T_{FS,X}$ 是连接 X 中所有端点的一棵最优满 Steiner 树，最优值 $OPT = \sum\limits_{e \in T_{FS,X}} w(e)$；令 $T_{S,X}$ 是连接 X 中所有端点的一棵最优 Steiner 树，$T_{S,X'}$ 是连接 X' 中所有端点的一棵最优 Steiner 树。因为满 Steiner 树问题是 Steiner 树问题的一种特殊情况，所以显然有

$$\sum_{e \in T_{S,X}} w(e) \leqslant \sum_{e \in T_{FS,X}} w(e) = OPT.$$

因为点集 X' 是将 X 中所有端点向左平移 $\varepsilon \left(< \dfrac{1}{2n} \right)$ 个单位长度得到的，则基于 X 中所有端点的完全图与基于 X' 中所有端点的完全图全等。因此，有下

列式子成立

$$\sum_{e \in T_{S,X'}} w(e) = \sum_{e \in T_{S,x}} w(e).$$

Chung 和 Graham[61] 给出了在欧几里得平面上 Steiner 比的一个较好的下界，即 $\inf\left\{\dfrac{w(T_{ST})}{w(T_{SP})}\right\} > 0.824$，这里 T_{ST} 表示欧几里得平面 $\mathbb{R}^2$ 上最小 Steiner 树，T_{SP} 表示基于同样点集的最小支撑树。在 Step 2，T' 是基于 X' 中点的最小支撑树。因此，

$$\frac{\sum\limits_{e \in T_{S,X'}} w(e)}{\sum\limits_{e \in T'} w(e)} > 0.824,$$

可得

$$\sum_{e \in T'} w(e) < 1.214 \sum_{e \in T_{S,X'}} w(e) = 1.214 \sum_{e \in T_{S,x}} w(e).$$

在 Step 3，$T := T' \cup X \cup \{e | e = (x'_i, x_i), 1 \leqslant i \leqslant n\}$。因此，输出解 T 是在 T' 上增加了 n 条长度为 $\varepsilon (< \dfrac{1}{2n})$ 的边，并且

$$OUT = \sum_{e \in T'} w(e) + n \cdot \varepsilon < 1.214 \sum_{e \in T_{S,x}} w(e) + 0.5 \leqslant 1.214 OPT + 0.5.$$

算法的时间复杂性如下分析：(1) Step 1 需要最多 $\mathcal{O}(n)$ 单位时间来移动 X 中的 n 个端点；(2) Step 2 需要最多 $\mathcal{O}(n^2)$ 单位时间来构造一个完全图 G' 以及寻找 G' 的一个最小支撑树；(3) Step 3 和 Step 4 在 T' 中增加 n 条边，并且构建满 Steiner 树 T 中所有边所需要的初等运算步骤之和是 $\mathcal{O}(n)$。因此，算法 MLFST 一定在 $\mathcal{O}(n)+\mathcal{O}(n^2)+\mathcal{O}(n)+\mathcal{O}(n)$ 单位时间内停止，也就是说，算法 MLFST 的时间复杂性是 $\mathcal{O}(n^2)$。

综上所述，定理得证。∎

5.4 材料根数最少的满 Steiner 树构建问题

本节介绍了材料根数最少的满 Steiner 树构建问题（简记为 MNFST）：在欧几里得平面 $\mathbb{R}^2$ 上，给定 n 个端点的集合 $X = \{x_1, x_2, \cdots, x_n\}$ 和每根长度为 L

的材料，寻找一棵连接了 X 中所有端点的满 Steiner 树 T，使得构造 T 中所有边使用的材料的根数达到最小，即 $\min k$，这里 T 是一棵满 Steiner 树，k 是构建 T 中边所用的材料根数。

为了给出解决 MNFST 问题的第一个近似算法，我们采取了以下策略：(1) 调用算法 MLFST 来寻找基于 X 中所有端点的一棵满 Steiner 树 T；(2) 在 T 上实行"细化分"的步骤来构造一棵满 Steiner 树 $\bar{T}$；(3) 调用关于装箱问题的递降首次适宜算法（FFD 算法）[18]，将 $\bar{T}$ 中的尾边装入容量为 L 的一些箱子中。

下面给出 MNFST 问题的第一个渐近近似算法，简记为算法 MNFST-1。

算法 5.2　MNFST-1

输入：欧几里得平面 $\mathbb{R}^2$ 上 n 个端点的集合 $X = \{x_1, x_2, \cdots, x_n\}$，每根长度为 L 的材料；

输出：满 Steiner 树 $\bar{T}$，用每根长度为 L 的材料来构造 $\bar{T}$ 中每条边的构造方式以及使用的材料根数。

Begin

Step 1. 调用算法 MLFST 来寻找基于 X 中所有端点的满 Steiner 树 T；

Step 2. 依照"细化分"进程，在 T 的每条边 e 上插入 $I(e) = \left\lceil \dfrac{w(e)}{L} \right\rceil - 1$ 个 Steiner 点，得到 T 的一棵细化分满 Steiner 树 $\bar{T}$；

Step 3. 用每根长度为 L 的材料来构建 $\bar{T}$ 的连续整边，设使用的材料根数是 $k_1 = \sum_{e \in T} I(e)$；

Step 4. 调用算法 FFD[18]，将 $\bar{T}$ 中的所有尾边装入一些容量为 L 的箱子，令 k_2 是此步骤所使用的箱子的个数；

Step 5. 输出满 Steiner 树 $\bar{T}$，用每根长度为 L 的材料来构造 $\bar{T}$ 中每条边的构造方式以及使用的材料根数 $k_1 + k_2$。

End

由算法 MNFST-1 可知：T 是一棵连接了 X 中 n 个端点 $x_1, x_2, \cdots, x_n$ 的一棵满 Steiner 树，在 Step 2 细化分 T 中所有的边，则细化分满 Steiner 树 $\bar{T}$ 的每条边的长度不超过 L。也就是说，我们可以使用一些每根长度为 L 的材料来构造 $\bar{T}$ 的所有边。因此，算法 MNFST-1 的输出结果显然是 MNFST 问题实例的一个可行解。

对于 MNFST 问题，可以得到以下结果：

定理 5.2   算法 MNFST-1 是 MNFST 问题的一个渐近近似算法，满足 $OUT \leqslant 2.428OPT + 1$，算法的时间复杂性是 $\mathcal{O}(n^2)$。

证明   设 $T_{FS,X}$ 是连接了 X 中所有端点的一棵最短的满 Steiner 树，T^* 是 MNFST 问题的一个最优解，即构建 T^* 所有边的材料根数最少。显然，

$$\sum_{e \in T_{FS,X}} w(e) \leqslant \sum_{e \in T^*} w(e).$$

由定理 5.1 的证明可知

$$\sum_{e \in \bar{T}} w(e) = \sum_{e \in T} w(e) \leqslant 1.214 \sum_{e \in T_{FS,X}} w(e) + \frac{1}{2}.$$

根据算法 FFD[18]，可知

$$\begin{aligned}
OUT = k_1 + k_2 &\leqslant \sum_{e \in T} I(e) + \frac{2 \sum\limits_{e \in T} r(e)}{L} \\
&\leqslant \frac{2 \sum\limits_{e \in T} w(e)}{L} \\
&\leqslant \frac{2 \times 1.214 \sum\limits_{e \in T^*} w(e) + 2 \times \frac{1}{2}}{L} \\
&\leqslant \frac{2 \times 1.214 \sum\limits_{e \in T^*} w(e)}{L} + 1 \\
&\leqslant 2.428OPT + 1.
\end{aligned}$$

算法 MNFST-1 的时间复杂性如下分析：(1) 定理 5.1 说明在 Step 1 寻找一棵满 Steiner 树 T 需要 $\mathcal{O}(n^2)$ 单位时间；(2) 对 T 每条边 e 细化分需要一个单位时间，则 Step 2 需要最多 $\mathcal{O}(n)$ 个单位时间就可以得到 T 的细化分满 Steiner 树 $\bar{T}$；(3) Step 3 需要 $\mathcal{O}(1)$ 单位时间来计算 k_1；(4) 在 Step 4，算法 FFD[18] 所需要的初等运算步骤之和最多为 $\mathcal{O}(n \log n)$ 就可以将 $\bar{T}$ 中的尾边装箱。因此，算法 MNFST-1 的时间复杂性为 $\mathcal{O}(n^2) + \mathcal{O}(n) + \mathcal{O}(1) + \mathcal{O}(n \log n)$，即完成整个算法需要至多 $\mathcal{O}(n^2)$ 单位时间。

综上所述，定理 5.2 得证。■

为了改进 MNFST 问题的近似算法，依照下面的策略设计了一个新的近似算法 MNFST-2：(1) 依照先前的策略将 X 中的 n 个端点移动得到了新的点集 X'；(2) 构造基于 X' 的一个完全图，并定义每条边 e 上新的权重 $w'(e)$，然后寻找 G' 的一棵关于权重 $w'(e)$ 的最小支撑树 T'；(3) 细化分 T' 中的所有边，并且增加 n 条新边 $\{x_i x_i' | 1 \leqslant i \leqslant n\}$，可以得到 T。

MNFST 问题的第二个近似算法 MNFST-2 如下定义：

算法 5.3　MNFST-2

输入： 欧几里得平面 $\mathbb{R}^2$ 上 n 端点的集合 $X = \{x_1, x_2, \cdots, x_n\}$，每根长度为 L 的材料；

输出： 满 Steiner 树 T，用每根长度为 L 的材料来构造 T 中每条边的构造方式以及使用的材料根数。

Begin

Step 1. 将 X 中的所有点向左平移 $\varepsilon (< \frac{1}{n})$ 个长度单位，得到对应的点集 $X' = \{x_1', x_2', \cdots, x_n'\}$；

Step 2. 在欧几里得平面上，构建 X' 的完全图 G'，对于每条边 $e \in G'$，定义 $I(e) = \lceil \frac{w(e)}{L} \rceil - 1$ 和 $r(e) = w(e) - I(e) \cdot L$；

Step 3. 对于图 G' 边 e，我们重新定义权重 $w'(e) = w(e) + \frac{L}{6} \cdot \theta(e)$，

$$
\theta(e) := \begin{cases} 1 & r(e) > \dfrac{L}{2}, \\ 0 & \text{其他；} \end{cases}
$$

Step 4. 调用算法 MST，在 G' 中寻找关于权重 $w'(e)$ 的最小支撑树 T'，依照权重 $w(e)$ 来细化分 T' 中的所有边，得到的新树记为 $\bar{T}'$；

Step 5. 在 $\bar{T}'$ 中增加 n 条边，令 $T = \bar{T}' \cup \{x_i x_i' | 1 \leqslant i \leqslant n\}$；

Step 6. 用每根长度为 L 的材料来构造 $\bar{T}'$ 中的连续整边，设使用的材料根数是 $k_1 = \sum\limits_{e \in T'} I(e)$；

Step 7. 调用算法 FFD[18]，将 $\bar{T}'$ 中的尾边以及 n 条新增的边 $x_i x_i'$（$1 \leqslant i \leqslant n$）装入容量为 L 的一些箱子，令 k_2 是在这一步骤使用的箱子数目；

Step 8. 输出满 Steiner 树 T，用每根长度为 L 的材料来构造 T 中每条边的构造方式以及使用的材料根数 $k_1 + k_2$。

End

由算法 MNFST-2 可知，$T = \bar{T}' \cup \{x_i x_i' | 1 \leqslant i \leqslant n\}$ 是一棵连接了 X 中 n 个端点 $x_1, x_2, \cdots, x_n$ 的满 Steiner 树，并且 T 中每条边的长度不超过 L。在 Step 6 和 Step 7，能够使用一些每根长度为 L 的材料来构建 T 中每条边。显然，算法 MNFST-2 的输出解是 MNFST 问题的一个可行解。

根据算法 MNFST-2，可以得到以下的定理：

定理 5.3 算法 MNFST-2 是 MNFST 问题的一个渐近近似算法，满足 $OUT \leqslant 2.124OPT + 1.5$，算法的时间复杂性是 $\mathcal{O}(n^2)$。

证明 设 T^* 是 MNFST 问题的一个最优解，即构建 T^* 所有边的材料根数最少，最优值是 OPT；T 是算法 MNFST-2 的输出解，输出值是 OUT；$T_{FS,X}$ 连接了 X 中所有端点的一棵最短的满 Steiner 树，显然有

$$\sum_{e \in T_{FS,X}} w(e) \leqslant \sum_{e \in T^*} w(e).$$

$$\frac{\sum_{e \in T^*} w(e)}{L} \leqslant OPT, \qquad \sum_{e \in T^*} \theta(e) \leqslant OPT,$$

$$\sum_{e \in T^*} w'(e) = \sum_{e \in T^*} w(e) + \sum_{e \in T^*} \frac{L}{6} \cdot \theta(e) \leqslant \frac{7}{6}OPT \cdot L.$$

因为点集 X' 是将 X 中所有端点向左平移 ε $(< \frac{1}{n})$ 个单位长度得到的，则基于 X 中所有端点的完全图与基于 X' 中所有端点的完全图全等。设 $T_{S,X}$ 是连接了 X 中所有端点的一棵最优 Steiner 树，$T_{S,X'}$ 是连接了 X' 中所有端点的一棵最优 Steiner 树。因此，有下列等式成立

$$\sum_{e \in T_{S,X'}} w(e) = \sum_{e \in T_{S,X}} w(e).$$

因为满 Steiner 树问题是 Steiner 树问题的一种特殊情况，显然有

$$\sum_{e \in T_{S,X'}} w(e) = \sum_{e \in T_{S,X}} w(e) \leqslant \sum_{e \in T_{FS,X}} w(e) \leqslant \sum_{e \in T^*} w(e).$$

同样的，对于权重 $w'(\cdot)$，也可以得到

$$\sum_{e \in T_{S,X'}} w'(e) = \sum_{e \in T_{S,X}} w'(e) \leqslant \sum_{e \in T_{FS,X}} w'(e) \leqslant \sum_{e \in T^*} w'(e) \leqslant \frac{7}{6} OPT \cdot L.$$

关于输出解 T，有

$$\sum_{e \in T} w'(e) = \sum_{e \in \bar{T}'} w'(e) + n \cdot \varepsilon$$

$$< \sum_{e \in \bar{T}'} w'(e) + 1$$

$$= \sum_{e \in \bar{T}'} w(e) + \frac{L}{6} \sum_{e \in \bar{T}'} \theta(e) + 1.$$

不失一般性，假设 $\bar{T}'$ 中所有的尾边满足下列性质

$$r(e_1) \geqslant \cdots \geqslant r(e_i) > \frac{L}{2} \geqslant r(e_{i+1}) \geqslant \cdots$$

并且用每根长度为 L 的材料来构造 $\bar{T}'$ 中的连续整边，所用的材料根数是 k_1。分为以下两种情况来讨论：

情况 1　当 $i \geqslant 1$，根据算法 FFD 和引理 5.1，可得

$$\sum_{e \in \bar{T}'} w'(e) > k_1 \cdot L + \frac{L}{2}(i-1) + \frac{2}{3}L(OUT - 1 - i - k_1 - 1) + L + \frac{L}{6}i$$

$$= \frac{2}{3}L \cdot OUT - \frac{5}{6}L + \frac{L}{3}k_1$$

$$\geqslant \frac{2}{3}L \cdot OUT - \frac{5}{6}L.$$

Chung 和 Graham[61] 给出了在欧几里得 Steiner 比的一个较好的下界，即 $\inf\left\{\dfrac{w(T_{ST})}{w(T_{SP})}\right\} > 0.824$，这里 T_{ST} 表示欧几里得平面 $\mathbb{R}^2$ 上最小 Steiner 树，T_{SP} 表示基于同样点集的最小支撑树。因此，

$$\frac{\sum\limits_{e \in T_{S,X'}} w(e)}{\sum\limits_{e \in \bar{T}'} w(e)} > 0.824,$$

$$\sum_{e \in \bar{T}'} w'(e) < 1.214 \sum_{e \in T_{S,X'}} w'(e) = 1.214 \sum_{e \in T_{S,X}} w'(e)$$

$$\leqslant 1.214 \sum_{e \in T^*} w'(e) \leqslant 1.214 \times \frac{7}{6}OPT \cdot L.$$

可以得到

$$\frac{2}{3}L \cdot OUT - \frac{5}{6}L \leqslant 1.214 \times \frac{7}{6}OPT \cdot L$$

$$OUT \leqslant 2.124OPT + 1.25;$$

情况 2 当 $i = 0$，根据算法 FFD 和引理 5.1，可得

$$\sum_{e \in \bar{T}'} w'(e) \geqslant k_1 \cdot L + \frac{2}{3}L(OUT - 2 - k_1 - 1) + L$$

$$= \frac{2}{3}L \cdot OUT + \frac{L}{3}k_1 - L$$

$$\geqslant \frac{2}{3}L \cdot OUT - L.$$

换言之

$$\frac{2}{3}L \cdot OUT - L \leqslant 1.214 \times \frac{7}{6}OPT \cdot L$$

$$OUT \leqslant 2.124OPT + 1.5.$$

综合以上两种情形，可以得到

$$OUT \leqslant 2.124OPT + 1.5.$$

算法 MNFST-2 的时间复杂性如下分析：(1) Step 1 在 $\mathcal{O}(n)$ 单位时间内可以移动 X 中的 n 个端点；(2) 在欧几里得平面 $\mathbb{R}^2$ 上，构建基于 X' 中所有点的完全图需要至多 $\mathcal{O}(n^2)$ 单位时间，并且计算所有 $I(e)$ 和 $r(e)$ 所需的初等运算步骤为 $\mathcal{O}(n^2)$；(3) 在 Step 3 重新定义权重 $w'(e)$ 需要最短 $\mathcal{O}(n^2)$ 单位时间；(4) 算法 MST[79,95] 的时间复杂性是 $\mathcal{O}(n^2)$，令对 T 每条边 e 细化分需要一个单位时间，则 Step 4 需要最多 $\mathcal{O}(n^2)$ 个单位时间就可以得到细化分树 $\bar{T}'$；(5) 在 Step 5 需要 $\mathcal{O}(n)$ 个单位时间来增加 n 条边；(6) Step 6 的时间复杂性是 $\mathcal{O}(1)$，而 Step 7 的时间复杂性是 $\mathcal{O}(n \log n)$。因此，算法 MNFST-2 的时间复杂性是 $\mathcal{O}(n^2)$。

于是，定理得证。∎

5.5 最少 Steiner 点限制性满 Steiner 树构建问题

考虑一个无线传感器网络与 n 传感器，每个传感器的传输范围有限，正是由于传感器有限的功率和简单的功能，某些传感器不能将信息传输到它们邻近的传感器中。因此，为了使网络连接，需要在网络中加入一些继电器。因为每个继电器存在安装成本，所以我们希望在满足传输条件的情况下减少继电器的数量。上面的应用促进了以下问题的研究：

在欧几里得平面 $\mathbb{R}^2$ 上，给定 n 个端点的集合 $X = \{x_1, x_2, \cdots, x_n\}$，和一个正常数 l，寻找一棵连接了 X 中所有端点的 Steiner 树 T，使得了 X 中的端点都是 T 的叶子点，T 中每条边的长度不超过 l，并且插入的 Steiner 点的数目达到最小。称这个问题是最少 Steiner 点限制性满 Steiner 树构建问题（简记为 MNSCFST）。

Lin[93] 在 2007 年给出了上述问题的一个 $(5 + \varepsilon)$-近似算法，在本节我们介绍了一个新的近似算法。我们对于 MNSCFST 问题的近似算法的思路如下所示：(1) 调用文献 [97] 中的算法，来求解覆盖 X 的半径为 l 的最少圆盘覆盖，为方便起见，记这个算法为 MDC[97]；(2) 寻找基于所有圆心的最小支撑树 T_{SP}，并且细化分 T_{SP} 中的所有边得到 T'；(3) 将 X 中每个端点与它距离最近的圆心相连，在 T' 中增加这些边。

这里，X 的最少圆盘覆盖是覆盖了 X 中的所有点的最少个数的圆盘，这里圆盘的半径为 l。

MNSCFST 问题的近似算法如下所示：

算法 5.4 MNSCFST

输入： 欧几里得平面 $\mathbb{R}^2$ 上 n 个端点的集合 $X = \{x_1, x_2, \cdots, x_n\}$，正常数 l；

输出： 满 Steiner 树 T，Steiner 点的数目以及 Steiner 点的集合。

Begin

Step 1. 调用算法 MDC[97] 来求解覆盖 X 的半径为 l 的最少圆盘覆盖，不失一般性，设圆盘圆心的集合是 $C = \{c_1, c_2, \cdots, c_{k_3}\}$；

Step 2. 调用算法 MST 来寻找基于 C 中所有圆心点的最小支撑树 T_{SP}，通过在每条边 e 上插入 $I(e) = \lceil \frac{w(e)}{L} \rceil - 1$ 个 Steiner 点来细化分 T_{SP}，

令 T' 表示得到的细化分 Steiner 树，R 表示插入的 Steiner 点的集合，$k_4 = |R| = \sum_{e \in T'} I(e)$；

Step 3. 将 X 中每个端点与它距离最近的圆心相连，令 E_{TC} 是这些边的集合，并且设 $T = T' \cup E_{TC}$；

Step 4. 输出 T，Steiner 点的集合 $C \cup R$，以及 Steiner 点的数目 $k_3 + k_4$。

End

由算法 MNSCFST 可知，T' 是连接了所有圆心的细化分 Steiner 树，而 E_{TC} 中每条边的长度不超过 l，并且它连接了所有的端点和相应的距离最近的圆心。因此，$T = T' \cup E_{TC}$ 是一棵连接了 X 中所有 n 个端点 $x_1, x_2, \cdots, x_n$ 的一棵满 Steiner 树，并且满足 T 中每条边的长度不超过 l，也就是说，算法 MNSCFST 的输出解显然是 MNSCFST 问题实例的一个可行解。

可以得到关于 MNSCFST 问题的以下结果：

定理 5.4 算法 MNSCFST 是 MNSCFST 问题的 5-近似算法，算法的时间复杂性是 $\mathcal{O}(n^2)$，这里 n 表示端点的数目。

证明 设 T^* 是 MNSCFST 问题的最优解，即 T^* 中 Steiner 点的数目最少，最优值是 OPT；令 T 为算法 MNSCFST 的输出解，输出值是 OUT。

在 T^*，定义用于覆盖 X 中端点的 Steiner 点集是 C^*，其余的 Steiner 点的解记为 R^*。显然，

$$OPT = |C^* + R^*|.$$

调用算法 MDC[97] 求解覆盖 X 的半径为 l 的最少圆盘覆盖时，我们得到了圆盘圆心的集合 $C = \{c_1, c_2, \cdots, c_{k_3}\}$。因此，$|C| \leqslant |C^*|$。

寻找基于 C^* 中所有点的最小支撑树 T^*_{SP}，然后将细化分 T^*_{SP} 中的每条边 e，得到了一棵新的细化分 Steiner 树 $\bar{T}^*_{SP}$。设 $\bar{T}^*_{SP}$ 中用到的 Steiner 点的集合是 $S(\bar{T}^*_{SP})$，由 Chen 等[75] 的研究结果可知

$$|S(\bar{T}^*_{SP})| \leqslant 4|R^*|.$$

由于 C 和 C^* 中的点都覆盖了 X 中的所有点，则对于每一个 $c_i^* \in C^*$，它必然覆盖了一个端点 $x_i \in X$，同时也存在与之相对应的一个点 $c_i \in C$，它依然也

覆盖了 x_i，并且满足

$$w(c_i^* c_i) \leqslant w(c_i^* x_i) + w(x_i c_i) \leqslant 2l.$$

根据此种对应关系，按照 T_{SP}^* 中 C^* 里点的连接方式来连接 C 中的点，则对于任意一条边 $c_i c_{i'}$，有

$$w(c_i c_{i'}) \leqslant w(c_i c_i^*) + w(c_i^* c_{i'}^*) + w(c_{i'}^* c_{i'}) \leqslant w(c_i^* c_{i'}^*) + 4l.$$

对于未被连接的点 $c_j \in C$（如果存在），存在一个点 $c_{j'} \in C$，使得 c_j 和 $c_{j'}$ 都与点 $c_j^* \in C^*$ 相对应，则连接 c_j 和 $c_{j'}$，满足

$$w(c_j c_{j'}) \leqslant w(c_j c_j^*) + w(c_j^* c_{j'}) \leqslant 2l + 2l = 4l.$$

按照这种构造方式，可以得到连接了 C 中所有点的图 T_C。细化分 T_C 的每条边，得到新图记为 $\bar{T}_C$。设 $\bar{T}_C$ 中 Steiner 点的集合是 $S(\bar{T}_C)$，则由 $\bar{T}_C$ 的构造过程可知

$$|S(\bar{T}_C)| \leqslant |S(\bar{T}_{SP}^*)| + 4(|C| - 1).$$

从算法可知，R 是细化分基于 C 的最小支撑树所插入的 Steiner 点的集合，根据引理 3.1，显然可以得到 $|S(T_C)| \geqslant |R|$。

根据算法 MNSCFST，可知输出解 T 是通过寻找 C 的最小支撑树获得，因此，T 中用到的 Steiner 点数目满足：

$$\begin{aligned}
OUT = k_3 + k_4 &= |C + R| \\
&\leqslant |C + S(T_C)| \\
&\leqslant |C| + |S_{C^*}| + 4(|C| - 1) \\
&\leqslant |C^*| + 4|R^*| + 4|C^*| - 4 \\
&\leqslant 5(|C^*| + |R^*|) \\
&= 5OPT,
\end{aligned}$$

算法 MNSCFST 中调用算法 MDC 来求解覆盖 X 的半径为 l 的最少圆盘覆盖的时间复杂性为 $\mathcal{O}(n + n(\log n + \log^6 n))$[97]，根据算法 MLFST、算法 MNFST-1

以及算法 MNFST-2 时间复杂性的讨论，可知 Step 2-Step 4 需要至多 $\mathcal{O}(n^2)$ 单位时间。因此，算法 MNSCFST 的时间复杂性为 $\mathcal{O}(n^2)$。

综上所述，定理证毕。∎

5.6 最少点、边费用限制性满 Steiner 树构建问题

在前面几节，我们对欧几里得平面上满 Steiner 树的材料构建问题和欧几里得最少 Steiner 点限制性满 Steiner 树的构建问题进行了介绍，并且设计了这些问题的多项式时间近似算法。下面，我们将进一步介绍它们的扩展问题——欧几里得平面上最少点、边费用限制性满 Steiner 树构建问题：

在欧几里得平面 $\mathbb{R}^2$ 上，给定 n 个端点的集合 $X = \{x_1, x_2, \cdots, x_n\}$，一个正常数 l 和无限长的材料，寻找一棵连接了 X 中所有端点的满 Steiner 树 T，使得 T 中每条边的长度不超过 l，并且插入的 Steiner 点的费用和构造 T 中所有边所使用的材料费总和达到最小，即 $\min\{b \cdot k_1 + c_1 \cdot \sum_{e \in T} w(e) | T$ 是连接了 X 中所有端点的满 Steiner 树，并且 T 中每条边的长度不超过 $l\}$，k_1 是 T 中 Steiner 点的数目，b 是每个 Steiner 点的费用，$w(e)$ 是 T 中边 e 的长度，c_1 是给定的无限长的材料单位长度的费用。我们称这个问题为最少点、边费用限制性满 Steiner 树构建问题（简记为 MCSLCFST）。

从问题的描述上不难看出，最少点、边费用限制性满 Steiner 树构建问题（简记为 MCSLCFST）是欧几里得平面上满 Steiner 树构建问题（简记为 MLFST）和欧几里得平面上最少 Steiner 点限制性满 Steiner 树构建问题（简记为 MN-SCFST）的扩展问题：当每个 Steiner 点的费用 $b = 0$ 时，MCSLCFST 问题就是 MLFST 问题；当构建树中边所用的无限长材料单位长度的费用 $c_1 = 0$ 时，MCSLCFST 问题就是 MNSCFST 问题。因此，MCSLCFST 问题的难度不低于 MLFST 问题以及 MNSCFST 问题。

从表面上来看，MCSLCFST 问题既然是 MLFST 问题以及 MNSCFST 问题的扩展问题，则此问题的解法应该与用以上两个问题解法相似。其实不然，在欧几里得平面 $\mathbb{R}^2$ 上满 Steiner 树的构建中，所需材料的长度和插入 Steiner 点的个数没有必然的联系。例如，在欧几里得平面上给定 n 个点的集合，这 n 个点位于

半径为 l 的圆周上，如下图 5.1a 所示，则 MNSCFST 问题的最优解如下图 5.1b，所需要的 Steiner 点个数为 1，但构建满 Steiner 树的边长为 nl；而 MLFST 问题的最优解如下图 5.1c，构建满 Steiner 树的边长小于 $2\pi l$，但插入的 Steiner 点却达到 n 个。

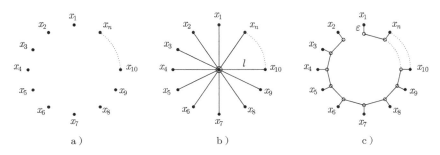

图 5.1　所研究问题必要性的实例

因此，MCSLCFST 问题并不能单纯的用 MLFST 问题以及 MNSCFST 问题的算法来求解。下面，我们将利用前面设计的网格分层算法思想，给出 MC-SLCFST 问题的一个启发式算法，具体算法如下：

算法 5.5　MCSLCFST

输入：欧几里得平面 $\mathbb{R}^2$ 上 n 个端点的集合 $X = \{x_1, x_2, \cdots, x_n\}$，正常数 l，每个 Steiner 点的费用 b，无限长的材料单位长度的费用 c_1；

输出：基于端点集 X 的满 Steiner 树以及插入的 Steiner 点的费用与构建这棵满 Steiner 树所有边所需要的材料费总和。

Begin

Step 1. 令 $V = X, R = \varnothing, E = \varnothing$，将欧几里得平面 $\mathbb{R}^2$ 上端点 X 所在的区域构成一个矩形；

Step 2. 将此矩形用两组等距平行线（两组平行线分别平行于矩形的长和宽）将此矩形划分成若干边长为 l 的正方形（称为单元格），如图 5.2 所示；

Step 3. 从此矩形左下角的一个单元格开始（不妨设其中包含 X 中的点），将单元格按照斜对角线的从左下角至右上角对每斜排单元格依次从上至下的顺序标号，若单元格中不包含 X 中的端点，则跳过不标号，不妨设单元格的标号依次为 $1, 2, \cdots, k$，则 $k \leqslant n$；

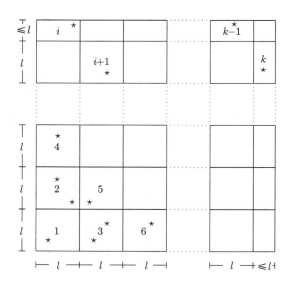

图 5.2　网格标号方式（斜向）

Step 4. 按照标号顺序依次对标号单元格执行以下操作，

For $(1 \leqslant i \leqslant k)$

If 单元格 i 中包含至少 3 个 V 中的点，设这些点分别为 $x_{i_1}, x_{i_2}, \cdots, x_{i_j}$ $j \geqslant 3$，

　　then 加入一个 Steiner 点 r_i，将 $x_{i_1}, x_{i_2}, \cdots, x_{i_j}$ 覆盖（即连接边，形成以 r_i 为中心，以 $x_{i_1}, x_{i_2}, \cdots, x_{i_j}$ 为叶子点的一个星），$V :=$ $V - \{x_{i_1}, x_{i_2}, \cdots, x_{i_j}\}$，$R := R \cup \{r_i\}$，并将连接的边加入集合 E。

　　Else 单元格 i 中包含 V 中的点少于 3 个，不妨设为 x_{i_1}, x_{i_2}，分别找与之最近的 R 中的点，

　　If 如果距离不超过 l，则连接它们，$V := V - \{x_{i_1}, x_{i_2}\}$，并将连接的边加入 E。

　　else 加入一个 Steiner 点 r_i 将 x_{i_1}, x_{i_2} 覆盖，$V := V - \{x_{i_1}, x_{i_2}\}$，$R = R \cup \{r_i\}$，并将连接的边加入 E。

Step 5. 在欧几里得平面上找基于 R 的最小支撑树 T，将 T 中长度大于 l 的边细分得到 $\bar{T}$，新插入放入 Steiner 点加入 R，将 $\bar{T}$ 中的边加入 E。

Step 6. 输出 $G = (X \cup R, E)$，插入的 Steiner 点的费用与构建这棵满 Steiner 树所有边所需要的材料费总和。

End

定理 5.5　算法 MCSLCFST 是欧几里得平面上最少点、边费用限制性满 Steiner 树问题的一个启发式算法。

证明　由 Step 3 可知，算法 MCSLCFST 会对 X 中所有点进行考虑，通过 Step 4 可知对于 X 中任何一点都通过一条不超过 l 的边与一个 R 中的点相连，通过 Step 5 对 R 构成一个 Steiner 树。因此，最后形成的 $G = (X \cup R, E)$ 是欧几里得平面上最少点、边费用限制性满 Steiner 树构建问题的一个可行解。因此，定理得证。∎

第 6 章　欧几里得平面上满 Steiner 树扩展问题

欧几里得平面上满 Steiner 树的扩展问题与之前介绍的欧几里得平面上满 Steiner 树构建问题有着很大的不同。

6.1　欧几里得平面上满 Steiner 树扩展问题与构建问题异同

在第 5 章介绍的 MLFST 问题、MNFST 问题以及 MNSCFST 问题在网络构建中有重要的作用。但是，前面设计的解决这些问题的算法对于扩展问题并不完全成立。在这些算法运行过程中，当在现有图上新连接一条边或者新增加一个点时，有可能会发上部分边重合、点重合、边经过点（但是此点要求不在这条边上）的现象。这些现象在网络构建中却不受影响：如果在图上得到两条边重合（不是同一条边）的现象，那么在网络构建中认为是两条平行的线路；如果在图上得到两个点重合（不是同一个点）的现象，那么在网络构建中认为是两个相邻建造的站点；如果在图上得到一条边经过了一个点（此点不在这条边上）的现象，那么在网络构建中认为是一条线路从一个站点旁边经过，但这条线路并不接入此站点。

6.2　欧几里得平面上满 Steiner 树扩展问题解决方式

对于欧几里得平面上满 Steiner 树扩展问题要求下的 MLFST 问题和 MN-FST 问题，只有在算法开始对于整体点进行平移的时候才会涉及到点变动，发生重合的情况，但是我们可以取到一个合适的平移长度 ε，使得平移时不会出现点重合现象。其余步骤涉及到的基本上是针对边的连接，对在连接边的过程中出现两边重合或者一条边经过一个点的情况，可以做如下调整，使得调整后不再出现重合的现象。

若 AB（实线）需要调整，则新插入点 A'，用 AA'（虚线）、$A'B$（虚线）来代替边 AB，其中，$AA' = \varepsilon$，$A'B < AB$。根据图 6.1 的调整方式进行调整，则新增加的边所用材料长度比原来的边所用材料长度不多于 1。

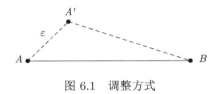

图 6.1　调整方式

因此，前面设计的算法基础上按照此类情况进行调整后，算法就满足 MLFST 问题和 MNFST 问题在欧几里得平面上满 Steiner 树扩展问题的要求，并且算法的渐近近似因子不会发生改变。

但是，上述调整方式对于 MNSCFST 问题则不然。因为 MNSCFST 问题的目标是使得所用的 Steiner 点的数目达到最小。所以对于这个问题，就不能按照刚才增加 Steiner 点的方式来做，否则会导致 Steiner 点数目的增加，并且算法的近似度无法保证。

因此，对欧几里得平面上满 Steiner 树扩展问题要求下的 MNSCFST 问题进行了如下研究：

首先介绍一种覆盖点分离方式（见图 6.2）：

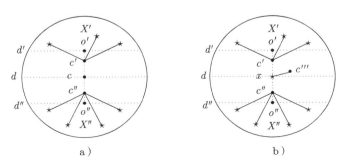

图 6.2　覆盖点分离方式

设一个以 c 为圆心，半径为 l 的圆盘覆盖了点集 X（上图中 X 中的点用 $\star$ 表示）：

1. 如果圆心与任意点 $x \in X$ 均不重合，则寻找一条直径 d，这里 d 不能经过 X 中端点。在 d 的两侧各寻找一条与 d 平行的弦，记这两条弦为 d', d''，使得 d', d'' 之间不存在 X 中端点。点集 X 被直径 d 分成了两部分，不妨设靠近 d' 一侧的点集合是 X'，靠近 d'' 一侧的点集合是 X''。设与 d 垂直的一条直径分别交 d', d'' 于两点 o', o''。在线段 co' 上任意取一点 c'（$\neq c, o'$），使得对于任意 $x' \in X'$，$c'x'$ 不包含 X 中其他的点；按同样的方式，在线段 co'' 上任意取一点 c''（$\neq c, o''$），使得对于任意 $x'' \in X''$，$c''x''$ 不包含 X 中其他的点。此时，用两个点 c', c'' 来代替圆心 c，对于每个 $x' \in X'$，连接 c' 和 x'；对于每个 $x'' \in X''$，连接 c'' 和 x''，可知 $w(c'x') < w(cx')$ 以及 $w(c''x'') < w(cx'')$ 显然成立（见图 6.2a）。

2. 如果存在某个点 $x \in X$ 与圆心重合，则寻找一条直径 d，这里 d 不能经过除点 x 外的其他 X 中端点。在 d 的两侧各寻找一条与 d 平行的弦，记这两条弦为 d', d''，使得 d', d'' 之间不存在除点 x 外的其他 X 中端点。点集 $X - \{x\}$ 被直径 d 分成了两部分，不妨设靠近 d' 一侧的点集合是 X'，靠近 d'' 一侧的点集合是 X''。设与 d 垂直的一条直径分别交 d', d'' 于两点 o', o''。在线段 co' 上任意取一点 c'（$\neq c, o'$），使得对于任意 $x' \in X'$，$c'x'$ 不包含 $X' - \{x'\}$ 中的点；按同样的方式，在线段 co'' 上任意取一点 c''（$\neq c, o''$），使得对于任意 $x'' \in X''$，$c''x''$ 不包含 $X'' - \{x''\}$ 中的点。此时，用两个点 c', c'' 来代替圆心 c，对于每个 $x' \in X'$，连接 c' 和 x'；对于每个 $x'' \in X''$，连接 c'' 和 x''，可知 $w(c'x') < w(cx')$ 以及 $w(c''x'') < w(cx'')$ 显然成立。此外，在 d' 和 d'' 之间增加一个新的 Steiner 点 c'''，连接 c''' 和 x，使得 c''' 不与 c', c'' 重合，并且 $c'''x$ 上不含有点 c', c''，则有 $w(c'''x) < l$（见图 6.2b）。

对于在欧几里得平面上满 Steiner 树扩展问题要求下的 MNSCFST 问题的算法，采取了如下的策略：(1) 调用算法 MNSCFST 来寻找一棵基于 X 中所有端点的 Steiner 树 T；(2) 根据上述"分离"过程，调整 T。

详细算法描述如下：

算法 6.1　MNSCFST-MATH

输入： 欧几里得平面 $\mathbb{R}^2$ 上 n 个端点的集合 $X = \{x_1, x_2, \cdots, x_n\}$；

输出： 满 Steiner 树 T'，Steiner 点的数目以及 Steiner 点的集合。

Begin

Step 1. 调用算法 MNSCFST 来寻找一棵基于 X 中所有端点的 Steiner 树 T；

Step 2. 对于每一个圆心 $c_i \in C$ $(1 \leqslant i \leqslant k)$，如果至少存在下面的一种情况：

    2.1 c_i 与 X 中的一个端点对应；

    2.2 $c_i x$ $(x \in X)$ 经过 X 中的其他端点。

    则用 c_i', c_i'' (or c_i', c_i'', c_i''') 来替换 c_i，并且依据"分离"过程来连接相应的边：连接 c_i', c_i''（如果存在 c_i'''，则连接 c_i', c_i''' 和 c_i'', c_i'''）。

Step 3. 设经过 Step 2 后 T 变为了 T'，则输出 T'，以及 T' 中 Steiner 点的集合 $S(T')$ 以及数目 $|S(T')|$。

End

已知 T 是调用算法 MNSCFST 得到的一棵 Steiner 树，调整不符合在扩展问题要求下的一些情况得到 T'，T' 满足每条边的长度不超过 L。因此，T' 是在欧几里得平面上满 Steiner 树扩展问题要求下的 MNSCFST 问题的一个可行解。

定理 6.1 算法 MNSCFST-MATH 是在欧几里得平面上满 Steiner 树扩展问题要求下的 MNSCFST 问题的 7-近似算法，算法的时间复杂性是 $\mathcal{O}(n^2)$，这里 n 表示端点的数目。

证明 设 $S(T)$ 是 T 中 Steiner 点的数目，$S(T')$ 表示 T' 中 Steiner 点的数目，在欧几里得平面上满 Steiner 树扩展问题要求下的 MNSCFST 问题的最优值是 OPT，算法的输出值 OUT，则有

$$OUT = |S(T')| \leqslant |S(T)| + 2|C|.$$

在 Step 1，调用了算法 MNSCFST 来寻找一棵 Steiner 树 T，由定理 5.4 的证明可知 $|S(T)| \leqslant 5OPT$，$|C| \leqslant OPT$。因此，

$$OUT \leqslant |S(T)| + 2|C| \leqslant 7OPT.$$

算法 MNSCFST 的时间复杂性分析如下：Step 1 的时间复杂性是 $\mathcal{O}(n^2)$，Step 2 完成需要至多 $\mathcal{O}(n^2)$ 单位时间。因此，算法 MNSCFST-MATH 的时间复杂性依然是 $\mathcal{O}(n^2)$。

综上所述，定理得证。∎

第 7 章　总结与展望

本书对 Steiner 树问题及其网络构建问题进行了深入的研究，力求为读者提供更全面而深入的认识。通过详细分析欧几里得平面上 Steiner 树构建问题的多种方式，丰富了 Steiner 树问题的理论体系。

本书首先介绍了欧几里得平面上 Steiner 树构建问题的两种方式：最小费用 Steiner 点和边问题（简记为 MCSPE）以及最小费用 Steiner 点和材料根数问题（简记为 MCSPPSM）。对于 MCSPE 问题，介绍了两个 3-近似算法，时间复杂性分别为 $\mathcal{O}(n^4)$ 和 $\mathcal{O}(n^3)$；对于 MCSPPSM 问题，通过利用装箱问题的 FFD 算法，设计出了近似因子分别为 4, 3.64, 3.236 的三个近似算法，时间复杂性分别为 $\mathcal{O}(n^2)$, $\mathcal{O}(n^3)$ 和 $\mathcal{O}(n^4)$。根据 MCSPE 问题和 MCSPPSM 问题的定义可知，(1) 当无限长材料单位长度的费用以及长度为 L 的材料每根的费用均为零，此时所对应的 MCSPE 问题和 MCSPPSM 问题就变为了 Lin 和 Xue[74] 研究的具有最少 Steiner 点的欧几里得 Steiner 树问题（STP-MSP）。因此，MCSPE 问题和 MCSPPSM 问题是 STP-MSP 问题的推广形式。(2) 当每个 Steiner 点的费用为零，MCSPE 问题即为经典的欧几里得 Steiner 树问题（EST）[30,54,57,59,66]，但是 MCSPPSM 问题在这种情况下还是一种有关 Steiner 树新的优化问题。由于 STP-MSP 问题和 EST 问题是 NP-难的[62,74]，可知上述两种有关 Steiner 树构造问题的两种方式也都是 NP-难的。

其次，在欧几里得平面上，给定的集合 X 中的端点位置坐标已经固定，X 中端点必定处于一个有限的区域中，不妨设该区域为一个有限的矩形区域，那么在寻找 4-星时，不妨考虑从矩形区域的一端出发，考虑附近可以构成 4-星的情况，而较远的地方暂时不用考虑，然后逐步向另一端推进，前面已经过掉的区域也就不用再进行重复考虑，依次而行，我们即可检查所有可以构成 4-星的情况，但同时减少了很所无用功。按照此种思路，给出了一个在平面上如何找出所有 4-星的网格分层算法。利用这个算法对解决第 3 章两个问题的算法进行了优化，大幅地降低了算法的时间复杂性，即对 MCSPE 问题，设计了时间复杂性为 $\mathcal{O}(n^2 \cdot \log n)$ 的 3-近似算法，而对 MCSPPSM 问题，设计了时间复杂性为 $\mathcal{O}(n^2 \cdot \log n)$ 的 3.236-近似算法。

再次，本书介绍了欧几里得平面上满 Steiner 树构建问题的几种形式，即对于欧几里得平面上满 Steiner 树构建问题（简记为 MLFST），通过调用解决最小支撑树问题的算法，设计出了一个关于 MLFST 问题的时间复杂性为 $\mathcal{O}(n^2)$ 的渐近近似算法，满足 $OUT \leqslant 1.214OPT + 0.5$，而对于材料根数最少的满 Steiner 树构建问题（简记为 MNFST），设计了两个时间复杂性均为 $\mathcal{O}(n^2)$ 的渐近近似算法，其分别满足 $OUT \leqslant 2.428OPT + 1$ 以及 $OUT \leqslant 2.124OPT + 1.5$。考虑一个无线传感器网络与 n 传感器，每个传感器的传输范围有限，正是由于传感器有限的功率和简单的功能，某些传感器不能将信息传输到它们邻近的传感器中。因此，为了使网络连接，需要在网络中加入一些继电器。因为每个继电器存在安装成本，所以我们希望在满足传输条件的情况下减少继电器的数量。这个应用促进了在欧几里得平面上最少 Steiner 点限制性满 Steiner 树构建问题（简记为 MNSCFST）的研究，对于这个问题，设计了一个 5-近似算法，它的时间复杂性为 $\mathcal{O}(n^2)$，在时间复杂性不变的情况下，算法的近似因子要优于 Lin[93] 在 2007 年给出的上述问题的一个 $(5 + \varepsilon)$-近似算法；对于上述问题的扩展形式——最少 Steiner 点、边费用限制性满 Steiner 树构建问题（简记为 MCSLCFST），设计了一个启发式算法。

最后，讨论了在欧几里得平面上满 Steiner 树扩展问题与欧几里得平面上满 Steiner 树构建问题的异同，并且通过利用解决在网络构建中 MNSCFST 问题的算法，设计了一个在欧几里得平面上满 Steiner 树扩展问题要求下的 MN-SCFST 问题的 7-近似算法，时间复杂性为 $\mathcal{O}(n^2)$。

因为欧几里得平面上 Steiner 树的构建问题以及欧几里得平面上满 Steiner 树的构建问题在现实社会中有重要的应用，所以设计一些具有较小近似因子以及较低时间复杂性的比较好的近似算法具有挑战性，最终的目标是设计 PTAS 或者 APTAS 来解决这几个问题。特别的，对于欧几里得平面上最少 Steiner 点、边费用限制性满 Steiner 树构建问题（简记为 MCSLCFST），文中只介绍了启发式算法，期望今后能够采取更好的方法，进而得到一个近似算法。

注意到有关 Steiner 比的 Gilbert-Pollak 猜想仍旧是一个开放式问题[60]，如果欧几里得最小 Steiner 树问题的 Gilbert-Pollak 猜想成立，即 Steiner 比 $\rho = \inf \left\{ \frac{w(T_{ST})}{w(T_{SP})} \right\} = \frac{\sqrt{3}}{2} > 0.866025$，则算法 MCSPPSM-2 的近似因子将会由 3.236 降低到 3.0792，算法 MCSPPSM-2-NEW 的近似因子将会由 3.64 降低到 3.4641；算法 MLFST 的渐近近似因子将会由 1.214 降低到 1.1547；算法 MNFST-2 的渐近近似因子将会由 2.124 降低到 2.0207。

随着科技的持续进步与发展，Steiner 树问题在物联网、大数据处理、云计算等新兴领域的应用价值将逐渐凸显。因此，在未来的研究工作中，笔者殷切期望能够进一步拓宽 Steiner 树问题的应用领域，深入挖掘其在实际问题中的潜力，并探索更多创新且有效的解决方案。同时，也诚挚地希望与更多的学者和学生携手合作，共同推动 Steiner 树问题及其应用的研究不断向前发展，为这一领域的学术进步贡献我们的智慧和力量。笔者坚信，通过不懈的努力与探索，Steiner 树问题及其应用的研究必将取得更加丰硕的成果，为科技进步和社会发展注入新的活力。

附　　录

在本附录中，将深入探讨图论和组合优化中的一些经典问题及其相关算法[15-24]。这些问题在实际应用中广泛使用，如网络设计、物流配送、生产调度、任务分配等场景。通过对这些经典问题的研究，可以帮助我们更好地理解如何在复杂的约束条件下进行最优资源分配与路径规划。我们将介绍如最小生成树问题、匹配问题等经典问题，并详细说明解决这些问题的主要算法，包括但不限于 Dijkstra 算法、Kruskal 算法、Ford-Fulkerson 算法、匈牙利算法、动态规划。希望通过这些内容的扩展，读者能够深入了解图论与组合优化的核心思想与实践应用。

1　图论中的经典算法

图论中的经典算法是解决网络和图结构问题的核心工具，广泛应用于计算机科学、工程和数据分析等领域。这些算法帮助处理节点与边之间的复杂关系，解决诸如路径寻找、连通性、流量优化等问题。通过有效计算图中节点之间的最优连接方式，它们能够优化系统设计，提升整体效率，广泛用于通信网络、交通规划、物流管理等实际应用场景，为复杂系统的建模和分析提供了强大支持。

1.1　图的遍历算法

图的遍历算法是指通过系统化的方法访问图中所有的节点，确保每个节点和边都被处理一次。常见的遍历算法包括深度优先搜索（DFS）和广度优先搜索（BFS）。DFS 从某一节点出发，沿着路径深入访问，直到到达尽头再回溯，适合用于探索连通性或查找图中的路径；BFS 则按层次逐步扩展，先访问距离起始节点较近的节点，适合用于查找图中的最短路径或遍历广泛区域。这些算法在图的分析与处理、路径规划、搜索问题中有着广泛的应用。

1.1.1 深度优先搜索（DFS）

深度优先搜索（DFS）是一种用于图遍历的算法。它尽可能深入搜索图的分支，直到无法继续为止，然后回溯到上一个节点，继续未访问的路径。DFS 常用于解决连通性问题、拓扑排序、强连通分量等问题。

详细算法步骤：

1. 初始化一个空的栈（或者递归调用栈）用于存储待访问的节点。

2. 将起始节点标记为已访问，并将其推入栈中。

3. 当栈不为空时，执行以下操作：

    (1) 弹出栈顶的节点，将其作为当前节点；

    (2) 遍历当前节点的所有邻接节点；

        如果某个邻接节点未被访问，则将其标记为已访问，并将其推入栈。

4. 重复以上操作，直到所有节点都被访问。

DFS 的递归实现 (Python 代码) 如下：

```python
def dfs(graph, node, visited=None):
    if visited is None:
        visited = set()  # 记录已访问的节点
    visited.add(node)  # 标记当前节点为已访问
    print(node, end=' ')  # 输出遍历顺序

    for neighbor in graph[node]:  # 遍历所有邻居节点
        if neighbor not in visited:
            dfs(graph, neighbor, visited)  # 递归访问未访问的邻居节
            点


# 示例图 (邻接列表表示法)
graph = {
    'A': ['B', 'C'],
    'B': ['D', 'E'],
    'C': ['F'],
```

```
    'D': [],
    'E': ['F'],
    'F': []
}


# 执行DFS遍历
dfs(graph, 'A')
```

DFS 的迭代实现 (Python 代码) 如下：

```python
def dfs_iterative(graph, start):
    visited = set()  # 记录已访问的节点
    stack = [start]  # 用栈来实现DFS

    while stack:
        node = stack.pop()  # 弹出栈顶的节点
        if node not in visited:
            visited.add(node)  # 标记当前节点为已访问
            print(node, end=' ')  # 输出遍历顺序
            stack.extend(reversed(graph[node]))  # 将未访问的邻居节
                点压入栈中（逆序是为了保证与递归版本相同顺序）


# 示例图（邻接列表表示法）
graph = {
    'A': ['B', 'C'],
    'B': ['D', 'E'],
    'C': ['F'],
    'D': [],
    'E': ['F'],
    'F': []
}


# 执行迭代版本DFS遍历
dfs_iterative(graph, 'A')
```

DFS 的时间和空间复杂度：

1. 时间复杂度：$\mathcal{O}(n+m)$，其中 n 是顶点数，m 是边数。每个节点和边都只被访问一次。

2. 空间复杂度：$\mathcal{O}(n)$，递归实现中，最大递归深度为图的最大深度。迭代实现则依赖于栈，空间复杂度也为 $\mathcal{O}(n)$。

DFS 的主要实际应用场景有

1. **迷宫求解**：DFS 可以用于迷宫路径搜索，探索每一条可能的路径直到找到出口。

2. **拓扑排序**：在有向无环图中，DFS 可以用于生成拓扑排序，用于任务调度、依赖解析等问题。

1.1.2 广度优先搜索（BFS）

广度优先搜索（BFS）是一种逐层遍历图的算法。它从起始节点开始，首先访问其所有邻接节点，然后依次访问这些邻接节点的邻接节点，直到所有节点都被访问。BFS 适用于查找无权图中的最短路径问题。

详细算法步骤：

1. 初始化一个空的队列，将起始节点推入队列，并标记为已访问。

2. 当队列不为空时，执行以下操作：

    (1) 从队列的头部取出节点作为当前节点；

    (2) 遍历当前节点的所有邻接节点：

        如果某个邻接节点未被访问，则将其标记为已访问，并将其推入队列。

3. 重复上述操作，直到队列为空。

BFS 的实现 (Python 代码) 如下：

```python
from collections import deque


def bfs(graph, start):
    visited = set()  # 记录已访问的节点
    queue = deque([start])  # 用队列来实现BFS
    visited.add(start)  # 标记起始节点为已访问

    while queue:
        node = queue.popleft()  # 从队列头部取出节点
```

```
    print(node, end=' ')  # 输出遍历顺序

    for neighbor in graph[node]:  # 遍历所有邻居节点
        if neighbor not in visited:
            visited.add(neighbor)  # 标记为已访问
            queue.append(neighbor)  # 将未访问的邻居节点加入队列

# 示例图（邻接列表表示法）
graph = {
    'A': ['B', 'C'],
    'B': ['D', 'E'],
    'C': ['F'],
    'D': [],
    'E': ['F'],
    'F': []
}

# 执行BFS遍历
bfs(graph, 'A')
```

BFS 的时间和空间复杂度如下：

1. 时间复杂度：$\mathcal{O}(n + m)$，每个节点和边都只访问一次。

2. 空间复杂度：$\mathcal{O}(n)$，因为需要使用队列来存储每一层的节点。

BFS 的实际应用场景主要有

1. **最短路径搜索**：在无权图中，BFS 能够找到从起点到终点的最短路径。例如，BFS 可以用于计算社交网络中两个人之间的最短关系链。

2. **层次遍历**：BFS 可用于层次遍历，如广度优先生成树、图的层次结构等问题。

1.1.3　DFS 与 BFS 的应用案例讨论

1. 迷宫求解

在迷宫中，DFS 适合于探索所有可能的路径，直到找到出口。它可以记住回退的路径，在没有到达终点之前不会停止。与之相比，BFS 更适合找迷宫的最短

路径，因为 BFS 逐层扩展，确保最早到达终点的路径即是最短路径。

2. 社交网络分析

在社交网络中，BFS 常用于分析用户之间的连接关系。比如，可以使用 BFS 找到两个用户之间的最短路径，进而用于推荐 "朋友的朋友" 作为新的好友建议。

3. 网络连通性检测

DFS 可以用于检测图的连通性，判断图中是否存在不连通的部分。通过一次 DFS 遍历，如果可以访问所有节点，说明图是连通的。

4. 任务调度与依赖解析

在任务调度中，任务之间往往存在依赖关系，表示为有向无环图。DFS 可以用于计算任务的拓扑排序，从而确定任务的执行顺序。这种应用广泛用于编译器中解析模块依赖关系。

DFS 和 BFS 作为图遍历的两种基础算法，分别适用于不同类型的搜索问题。DFS 倾向于探索图的深层结构，而 BFS 则擅长寻找最短路径。在实际应用中，根据具体问题的特点，选择合适的算法能够提高效率和准确性。

1.2 最短路径算法

最短路径算法在图论中用于找到从源节点到目标节点的最短路径。常见的最短路径算法包括 Dijkstra 算法、Bellman-Ford 算法和 Floyd-Warshall 算法。它们分别适用于不同类型的图结构和问题。

1.2.1 Dijkstra 算法

Dijkstra 算法是一个贪心算法，用于在权重非负的图中计算从源节点到所有其他节点的最短路径。它的主要特点是每次选择距离源节点最近的未访问节点进行更新。

详细算法步骤：

1. 初始化距离表，将源节点的距离设置为 0，其余节点的距离设置为无穷大。

2. 初始化优先队列，将源节点加入优先队列。

3. 当队列不为空时：

   (1) 取出队列中距离最小的节点 u，并将其标记为已访问；

(2) 对 u 的每个邻居节点 v：

1) 计算从源节点到 v 的距离 $\text{dist}[u] + \text{weight}(u, v)$。

2) 如果此距离比当前记录的距离更短，则更新 v 的距离并将其加入队列。

4. 重复步骤 3，直到所有节点都已访问。

Dijkstra 算法的 Python 实现如下：

```python
import heapq

def dijkstra(graph, start):
    # 初始化距离表和优先队列
    distances = {node: float('infinity') for node in graph}
    distances[start] = 0
    priority_queue = [(0, start)]  # （距离，节点）

    while priority_queue:
        current_distance, current_node = heapq.heappop(
            priority_queue)

        # 如果取出的节点距离比记录的距离大，跳过
        if current_distance > distances[current_node]:
            continue

        # 遍历相邻节点
        for neighbor, weight in graph[current_node].items():
            distance = current_distance + weight

            # 如果找到更短的路径，更新距离表并加入队列
            if distance < distances[neighbor]:
                distances[neighbor] = distance
                heapq.heappush(priority_queue, (distance, neighbor))

    return distances
```

```
# 示例图（邻接列表表示法，带权无向图）
graph = {
    'A': {'B': 1, 'C': 4},
    'B': {'A': 1, 'C': 2, 'D': 5},
    'C': {'A': 4, 'B': 2, 'D': 1},
    'D': {'B': 5, 'C': 1}
}

# 执行Dijkstra算法
distances = dijkstra(graph, 'A')
print(distances)
```

输出结果：

```
{'A': 0, 'B': 1, 'C': 3, 'D': 4}
```

Dijkstra 算法的时间复杂度：

使用优先队列时，时间复杂度为 $\mathcal{O}((n+m)\log n)$，其中 n 是顶点数，m 是边数。

Dijkstra 算法的适用场景主要有

1. **地图导航系统**：Dijkstra 算法可以用于实时导航系统中，寻找从当前地点到目的地的最短路径，广泛应用于地图应用和 GPS 导航。

2. **网络路由优化**：在通信网络中，Dijkstra 算法用于寻找数据包从源路由器到目的地路由器的最短路径，帮助提高网络传输效率。

1.2.2 Bellman-Ford 算法

Bellman-Ford 算法用于计算带有负权边的图中的最短路径。它能够检测负权回路，如果存在这样的回路，算法可以报告出来。

详细算法步骤：

1. 初始化距离表，将源节点的距离设置为 0，其余节点的距离设置为无穷大。

2. 对每条边进行 n-1 次松弛操作（n 为顶点数）：对于每条边 (u,v)，如果 $\text{dist}[u] + \text{weight}(u,v)$ 比 $\text{dist}[v]$ 小，则更新 $\text{dist}[v]$。

3. 第 n 次遍历所有边，检查是否存在负权回路。如果经过 n 次迭代后，仍然有边可以更新，则说明存在负权回路。

Bellman-Ford 算法的 Python 实现如下：

```python
def bellman_ford(graph, start):
    # 初始化距离表
    distances = {node: float('infinity') for node in graph}
    distances[start] = 0

    # 进行 V-1 次松弛操作
    for _ in range(len(graph) - 1):
        for node in graph:
            for neighbor, weight in graph[node].items():
                if distances[node] + weight < distances[neighbor]:
                    distances[neighbor] = distances[node] + weight

    # 检测负权回路
    for node in graph:
        for neighbor, weight in graph[node].items():
            if distances[node] + weight < distances[neighbor]:
                return "图中存在负权回路"

    return distances

# 示例图（邻接列表表示法，带有负权边的图）
graph = {
    'A': {'B': -1, 'C': 4},
    'B': {'C': 3, 'D': 2, 'E': 2},
    'C': {},
    'D': {'B': 1, 'C': 5},
    'E': {'D': -3}
}

# 执行Bellman-Ford算法
distances = bellman_ford(graph, 'A')
print(distances)
```

输出结果：

```
{'A': 0, 'B': -1, 'C': 2, 'D': -2, 'E': 1}
```

Bellman-Ford 算法的时间复杂度：

时间复杂度为 $\mathcal{O}(nm)$，其中 n 是顶点数，m 是边数，适合稠密图。

Bellman-Ford 算法的适用场景主要有

1. **金融系统中的风险管理**：Bellman-Ford 算法可以用于金融网络中检测套利机会，负权回路可以表示存在无风险套利的可能性。

2. **网络分析**：在带有负权边的网络中（例如费用、延迟等），Bellman-Ford 算法可以找到最优路径，同时检测是否存在负权回路。

1.2.3　Floyd-Warshall 算法

Floyd-Warshall 算法是一种用于求解所有节点对最短路径的动态规划算法，适用于密集图。它通过考虑所有可能的中间节点，逐步优化顶点对之间的最短路径。

详细算法步骤：

1. 初始化距离矩阵。如果两个节点之间有直接边，则距离设置为边的权重；否则设置为无穷大。对角线上的元素为 0。

2. 对每个节点 k：对所有的顶点对 (i, j)，更新 $\text{dist}[i][j] = \min(\text{dist}[i][j], \text{dist}[i][k] + \text{dist}[k][j])$，即通过节点 k 使 i 到 j 的路径更短。

3. 最终的距离矩阵包含所有节点对的最短路径。

Floyd-Warshall 算法的 Python 实现如下：

```python
def floyd_warshall(graph):
    # 初始化距离矩阵
    dist = {node: {neighbor: float('infinity') for neighbor in graph
        } for node in graph}
    for node in graph:
        dist[node][node] = 0  # 自己到自己的距离为0
        for neighbor, weight in graph[node].items():
            dist[node][neighbor] = weight

    # 动态规划更新最短路径
    for k in graph:
```

```
    for i in graph:
        for j in graph:
            dist[i][j] = min(dist[i][j], dist[i][k] + dist[k][j
            ])

    return dist

# 示例图（邻接列表表示法）
graph = {
    'A': {'B': 3, 'C': 8, 'E': -4},
    'B': {'D': 1, 'E': 7},
    'C': {'B': 4},
    'D': {'C': -5},
    'E': {'D': 6}
}

# 执行Floyd-Warshall算法
distances = floyd_warshall(graph)
for node, dist in distances.items():
    print(f"{node}: {dist}")
```

输出结果：

```
A: {'A': 0, 'B': 1, 'C': -3, 'D': 2, 'E': -4}
B: {'A': inf, 'B': 0, 'C': -4, 'D': 1, 'E': 7}
C: {'A': inf, 'B': 4, 'C': 0, 'D': 5, 'E': 11}
D: {'A': inf, 'B': -1, 'C': -5, 'D': 0, 'E': 6}
E: {'A': inf, 'B': 5, 'C': 1, 'D': 6, 'E': 0}
```

Floyd-Warshall 算法的时间复杂度：

时间复杂度为 $\mathcal{O}(n^3)$。

Floyd-Warshall 算法的适用场景主要有

1. **路由协议**：Floyd-Warshall 算法可以用于分布式网络中的路由协议，计算不同路由节点之间的最短路径。

2. **全局优化**：在交通网络分析中，Floyd-Warshall 算法可以用于找出任意两个地点之间的最短路径，应用于物流和供应链优化。

1.2.4　总结

Dijkstra 算法、Bellman-Ford 算法和 Floyd-Warshall 算法是经典的图算法，在解决最短路径问题时发挥了重要作用。虽然它们的功能有所重叠，但由于设计上的差异，它们在不同的场景中表现各异。

1. Dijkstra 算法

Dijkstra 算法适用于**无负权边**的图，其基本思想是从起始顶点开始，逐步扩展最短路径树。每次都选择尚未处理的顶点中具有最小暂定距离的顶点，将其标记为已处理，更新与其相邻的顶点的距离。由于它使用贪心策略，因此能在较短时间内找到从源点到目标点的**单源最短路径**。

优点：

适合大多数实际问题，如地图导航、网络路由选择等场景。

缺点：

（1）仅适用于**非负权边**的图，如果图中存在负权边，Dijkstra 算法可能会产生错误的结果；

（2）只解决单源最短路径问题，无法一次计算所有顶点对之间的最短路径。

2. Bellman-Ford 算法

Bellman-Ford 算法在 Dijkstra 的基础上进一步扩展，适用于**含负权边**的图。这使得它在处理经济学或金融系统中的成本负值问题时表现优异。Bellman-Ford 算法通过松弛操作，迭代地更新所有边的权值，最终找到最短路径。

优点：

（1）可以处理**负权边**，且能够检测**负权回路**，这一功能是 Dijkstra 无法提供的；

（2）同样解决单源最短路径问题。

缺点：

负权回路的检测虽然是一个优点，但在实际应用中，一旦存在负权回路，解决方案往往不具有实际意义。

3. Floyd-Warshall 算法

Floyd-Warshall 算法采用动态规划思想，用于**计算所有顶点对之间的最短路径**，因而适用于**密集图**。它通过三重嵌套的循环，逐步检查每一对顶点的所有可能路径，寻找最短路径。

优点：

（1）一次性解决**多源最短路径**问题，即所有顶点对之间的最短路径；

（2）算法实现简单，适合处理顶点数量较少但边密集的图。

缺点：

（1）时间复杂度为 $\mathcal{O}(n^3)$，对于顶点数量较大的图而言，计算成本较高；

（2）不适用于稀疏图或顶点众多的图，在这些场景中性能较差。

三个算法的适用场景分析如下：

（1）**Dijkstra 算法**：适合应用在如地图导航、交通系统、网络路由等领域，主要用于无负权边的图；

（2）**Bellman-Ford 算法**：常用于含负权边的金融系统、物流路径优化等场景，尤其适用于负权边带来的特殊分析需求；

（3）**Floyd-Warshall 算法**：广泛应用于**网络分析**、**社会网络图的研究**、**图像处理**等场景，特别是在小规模密集图中，能够有效计算所有顶点对的最短路径。

通过合理选择这三种算法，可以在不同领域和场景下有效地解决最短路径问题，提高系统的性能和算法的适用性。这些算法为**网络分析**、**路径规划**、**图像处理**、**通信网络设计**等多个领域提供了强大的支持，为数据优化与路径计算问题提供了有力的工具。

1.3　最小生成树（MST）算法

最小生成树（Minimum Spanning Tree, MST）是指在加权无向图中，将所有节点连接起来且总权重最小的一棵生成树。MST 算法的目标是找到图中节点的最优连接方式，使得边的权重之和最小。常用的最小生成树算法包括 Kruskal 算法和 Prim 算法，它们广泛用于网络设计和优化等实际应用中。

1.3.1 Kruskal 算法

Kruskal 算法是一种基于边的贪心算法，用于计算最小生成树。它的核心思想是每次选择权重最小的边，逐渐构建生成树，但必须保证不会形成环。

详细算法步骤：

1. 将所有边按权重从小到大排序。

2. 初始化一个空的生成树，并使用并查集（Disjoint Set Union, DSU）来管理图中的连通性。

3. 依次从最小的边开始，检查这条边的两个端点是否属于不同的连通分量：

    （1）如果是，则将这条边加入生成树中，并合并这两个连通分量；

    （2）如果不是，跳过这条边。

4. 重复步骤 3，直到生成树中包含 n-1 条边（n 为图的顶点数）。

Kruskal 算法的 Python 实现如下：

```python
# 并查集数据结构
class DisjointSet:
    def __init__(self, n):
        self.parent = list(range(n))
        self.rank = [0] * n

    def find(self, u):
        if self.parent[u] != u:
            self.parent[u] = self.find(self.parent[u])   # 路径压缩
        return self.parent[u]

    def union(self, u, v):
        root_u = self.find(u)
        root_v = self.find(v)

        if root_u != root_v:
            # 按秩合并
            if self.rank[root_u] > self.rank[root_v]:
                self.parent[root_v] = root_u
            elif self.rank[root_u] < self.rank[root_v]:
```

```
                self.parent[root_u] = root_v
            else:
                self.parent[root_v] = root_u
                self.rank[root_u] += 1

def kruskal(graph):
    mst = []  # 最小生成树的边
    edges = []  # 存储所有边
    n = len(graph)  # 节点数

    # 将所有边加入列表中
    for u in range(n):
        for v, weight in graph[u]:
            edges.append((weight, u, v))

    # 按权重升序排序
    edges.sort()

    ds = DisjointSet(n)  # 初始化并查集

    # 遍历排序后的边, 构建MST
    for weight, u, v in edges:
        if ds.find(u) != ds.find(v):
            ds.union(u, v)
            mst.append((u, v, weight))

    return mst

# 示例图 (邻接列表表示法, 带权无向图)
graph = {
    0: [(1, 1), (3, 3)],
    1: [(0, 1), (2, 2), (3, 4)],
    2: [(1, 2), (3, 5)],
    3: [(0, 3), (1, 4), (2, 5)]
}
```

```
}

# 执行Kruskal算法
mst = kruskal(graph)
print("最小生成树的边: ", mst)
```

输出结果:

最小生成树的边: [(0, 1, 1), (1, 2, 2), (0, 3, 3)]

Kruskal 算法的时间复杂度:

主要是对边排序的开销,时间复杂度为 $\mathcal{O}(m \log m)$,其中 m 是边数。

Kruskal 算法的适用场景主要有

Kruskal 算法在网络中常用于设计最小成本的连接网络,如电话网、通信网络和电网。其贪心选择每次最小权重的边,确保构建出最小生成树的同时不会形成回路。

1.3.2　Prim 算法

Prim 算法是一种基于顶点的贪心算法,用于计算最小生成树。与 Kruskal 算法不同,Prim 算法逐渐扩展生成树,每次选择与生成树最近(权重最小)的边。

详细算法步骤:

1. 从任意节点开始,将其加入生成树。

2. 初始化一个优先队列(最小堆)来存储所有连接生成树的边,按权重排序。

3. 每次从优先队列中取出权重最小的边 (u, v):如果 v 不在生成树中,则将 v 加入生成树,并将所有连接 v 的边加入优先队列。

4. 重复步骤 3,直到生成树中包含 n-1 条边。

Prim 算法的 Python 实现如下:

```
import heapq

def prim(graph, start):
    mst = []  # 最小生成树的边
    visited = set()  # 记录已经加入生成树的节点
    min_heap = [(0, start, None)]  # (边的权重, 当前节点, 前驱节点)
```

```python
    while len(visited) < len(graph):
        weight, u, prev = heapq.heappop(min_heap)

        if u not in visited:
            visited.add(u)
            if prev is not None:
                mst.append((prev, u, weight))

            # 将所有连接u的边加入堆
            for neighbor, weight in graph[u]:
                if neighbor not in visited:
                    heapq.heappush(min_heap, (weight, neighbor, u))

    return mst

# 示例图（邻接列表表示法，带权无向图）
graph = {
    0: [(1, 1), (3, 3)],
    1: [(0, 1), (2, 2), (3, 4)],
    2: [(1, 2), (3, 5)],
    3: [(0, 3), (1, 4), (2, 5)]
}

# 执行Prim算法
mst = prim(graph, 0)
print("最小生成树的边：", mst)
```

输出结果：

最小生成树的边：$[(0, 1, 1), (1, 2, 2), (0, 3, 3)]$

Prim 算法的时间复杂度：

时间复杂度为 $\mathcal{O}(m \log n)$，其中 n 是顶点数，m 是边数。

Prim 算法的适用场景主要有

1. **电网设计**：在设计电网时，Prim 算法可以帮助找到连接所有电站的最小成本连接方式。

2. **供水系统优化**：类似的应用场景包括供水网络的设计，使用 Prim 算法可以最小化管道铺设的成本。

1.3.3　总结

在现代通信网络、电力网络以及物流和交通网络的设计与优化中，最小生成树算法，如 Kruskal 和 Prim 算法，发挥了至关重要的作用。它们不仅帮助工程师与管理者找到覆盖所有关键节点的最低成本方案，还确保了系统的连通性和稳定性，减少了冗余投资和资源浪费。以下是这些算法在多个应用场景中的深入分析与扩展。

1. 通信网络设计

在设计城市的光纤网络铺设时，成本往往是首要考虑的因素。通过使用 Kruskal 或 Prim 算法，可以优化网络的布局，确保所有通信站点（如基站、数据中心等）之间实现最低成本的连通。

例如，在设计光纤网络时，节点可以代表城市中的各个基站，边则代表基站之间的光纤链路，边权重则是链路的铺设成本。Kruskal 和 Prim 算法可以确保选取成本最小的链路，将所有基站连接起来，形成无冗余回路的最小生成树。这种方法不仅能够节省大量建设成本，还能优化网络的性能，提高通信效率。

2. 电力网络优化

在电力传输网络的规划中，确保发电站、变电站与各个城市之间的电力线路具有最低的铺设成本是一个核心问题。Kruskal 和 Prim 算法通过计算各发电站与城市之间连接的最优方案，帮助设计出最低成本的电力传输网络。

在这种应用场景中，顶点代表发电站和城市，边代表电力线路的传输路径，边的权重表示线路的铺设成本。Kruskal 算法通过贪心地选择最小权重的边，逐步构建整个电网系统，Prim 算法则从某一顶点开始，逐渐扩展，每次选择连接到当前生成树的最小权重边，直到构建出包含所有顶点的最小生成树。

优势：

（1）**节约建设成本**：选择最短、最经济的电力传输线路，减少冗余电力线建设，节省了大规模的基础设施投资。

（2）**提高电网稳定性**：确保所有电力节点连通，避免形成回路，从而提高电网的稳定性和抗风险能力。

具体应用：

（1）**国家电网规划**：优化全国电力传输线路布局，实现发电站、变电站与城市之间的低成本连接。

（2）**区域电网优化**：在区域或省级电网中，采用 Kruskal 或 Prim 算法实现最优的电力输送路径，减少电力损耗和建设成本。

3．物流和交通网络设计

在物流网络的规划中，企业往往需要设计一条既能覆盖所有关键地点，又能以最小成本运送货物的路线。Kruskal 和 Prim 算法通过找到最小生成树，帮助企业优化配送路线，降低运输成本，提升物流网络的覆盖效率。

在这种场景中，顶点表示各个城市或仓库，边代表城市之间的运输路线，边的权重则表示运输成本或距离。Kruskal 算法通过每次选择最低运输成本的路线，确保覆盖所有城市，而 Prim 算法则从一个仓库或物流中心开始逐渐扩展出一个最优的配送网络。

具体应用：

（1）**全国物流网络布局**：帮助大型物流公司设计最低成本的全国物流配送网络，减少仓库和配送中心之间的运输成本。

（2）**城市交通网络设计**：优化城市的公共交通线路或货运路线，确保最小化交通建设成本，提升运输效率。

但是，在实际应用中，Kruskal 算法和 Prim 算法在处理最小生成树问题时也具有不同的特点和适用场景。

（1）**Kruskal 算法**是基于边的贪心算法，特别适用于**稀疏图**，即图中边数较少的情况。它每次选择权重最小的边，逐步形成最小生成树，尤其适合当节点之间的边较少时，可以高效找到最优解。

（2）**Prim 算法**则基于顶点扩展，从某一顶点出发逐步生成最小生成树，特别适合**稠密图**，即边数较多的情况。Prim 算法在顶点较多时，能够更有效地扩展最优路径。

适用场景分析：

（1）**通信网络设计**：Prim 算法通常更适用于大城市中的光纤网络，因为城市通信网络通常是一个稠密图，站点较多，连接复杂。而在一些城市间的广域网设计中，Kruskal 算法的边选择机制则能够更加灵活、高效地规划出最小成本的链路。

（2）**电力网络优化**：电力传输网络往往较为分散，具有一定的稀疏性，因此 Kruskal 算法在电力传输网络规划中具有优势。然而，在某些特定区域，电网连接较为密集时，Prim 算法也可以提供有效的解决方案。

（3）**物流和交通网络设计**：物流网络具有较多节点和复杂连接时，Prim 算法更为适合，因为它可以从一个中心逐步扩展到周围所有节点，确保全网的最低成本连接。而对于覆盖较大地理范围的物流网络，Kruskal 算法则通过灵活选择边来优化长距离运输的成本。

选择合适的算法能够在**通信网络设计**、**电力网络优化**、**物流和交通网络设计**等多个领域中最大化经济效益，减少基础设施建设和运营成本，并提升系统的连通性与效率。这些算法为设计复杂网络提供了强大的理论与实践支持。

1.4　最大流问题与算法

最大流问题旨在计算从源点到汇点在流网络中可以传输的最大流量。流网络是一种带权有向图，每条边的权重表示该边的容量，最大流问题要求在不违反容量限制的情况下，从源点到汇点的总流量最大。常见的最大流算法包括 Ford-Fulkerson 算法及其基于广度优先搜索（BFS）的实现 Edmonds-Karp 算法。

1.4.1　Ford-Fulkerson 算法

Ford-Fulkerson 算法是解决最大流问题的经典算法。它通过不断寻找从源点到汇点的增广路径，并沿着这些路径增加流量，直至找不到新的增广路径为止。

详细算法步骤：

1. 初始化所有边的流量为 0。

2. 当存在从源点到汇点的增广路径时，找到一条这样的路径：增广路径是指能够在该路径上增加流量的路径，其路径上所有边的剩余容量都大于 0。

3. 计算增广路径中各边的剩余容量的最小值，将其作为本次增广路径上的可增流量。

4. 更新路径上各边的流量：在正向边上增加流量，反向边上减少流量。

5. 重复步骤 2 到 4，直到无法找到新的增广路径为止。

Ford-Fulkerson 算法的 Python 实现如下：

```python
class Graph:
    def __init__(self, graph):
        self.graph = graph  # 邻接矩阵表示图
        self.ROW = len(graph)

    # 使用深度优先搜索查找增广路径
    def dfs(self, s, t, parent):
        visited = [False] * self.ROW
        stack = [s]
        visited[s] = True

        while stack:
            u = stack.pop()
            for ind, val in enumerate(self.graph[u]):
                if visited[ind] == False and val > 0:  # 如果未访问
                    且有剩余容量
                    stack.append(ind)
                    visited[ind] = True
                    parent[ind] = u
                    if ind == t:
                        return True
        return False

    # Ford-Fulkerson 算法
    def ford_fulkerson(self, source, sink):
        parent = [-1] * self.ROW
        max_flow = 0

        while self.dfs(source, sink, parent):
            # 找到增广路径上的最小容量
            path_flow = float('Inf')
            s = sink
            while s != source:
```

```
                    path_flow = min(path_flow, self.graph[parent[s]][s])
                    s = parent[s]

                # 更新残量网络中的边
                v = sink
                while v != source:
                    u = parent[v]
                    self.graph[u][v] -= path_flow
                    self.graph[v][u] += path_flow
                    v = parent[v]

                # 增加总流量
                max_flow += path_flow

        return max_flow

# 示例图 (邻接矩阵表示法, 图中的值表示边的容量)
graph = [[0, 16, 13, 0, 0, 0],
         [0, 0, 10, 12, 0, 0],
         [0, 4, 0, 0, 14, 0],
         [0, 0, 9, 0, 0, 20],
         [0, 0, 0, 7, 0, 4],
         [0, 0, 0, 0, 0, 0]]

g = Graph(graph)
source = 0  # 源点
sink = 5    # 汇点

print("最大流量是: ", g.ford_fulkerson(source, sink))
```

输出结果:

最大流量是: 23

Ford-Fulkerson 算法的时间复杂度:

时间复杂度为 $\mathcal{O}(mf)$, 其中 m 是边数, f 是最大流量值。这是因为每找到一条增广路径，最多可以增加 1 单位流量，最坏情况下需要找到 f 条路径。

Ford-Fulkerson 算法的适用场景主要有

1. **水流网络设计**：在实际的管道或排水网络中，可以使用 Ford-Fulkerson 算法来计算从源头到下游的最大水流量，从而优化管道的设计。

2. **交通网络优化**：在交通网络中，Ford-Fulkerson 算法可以用来分析从某个入口到出口的最大交通流量，从而优化道路的通行能力。

1.4.2　Edmonds-Karp 算法

Edmonds-Karp 算法是 Ford-Fulkerson 算法的一种具体实现，它使用广度优先搜索（BFS）来寻找增广路径，而不是深度优先搜索（DFS）。通过使用 BFS，可以确保每次找到的增广路径是最短路径，从而提高算法的效率。

详细算法步骤：

1. 初始化所有边的流量为 0。

2. 使用广度优先搜索（BFS）找到从源点到汇点的增广路径。

3. 计算增广路径上可以增加的流量，沿路径更新流量。

4. 重复步骤 2 和 3，直到找不到增广路径为止。

Edmonds-Karp 算法的 Python 实现如下：

```python
from collections import deque


class Graph:
    def __init__(self, graph):
        self.graph = graph  # 邻接矩阵表示图
        self.ROW = len(graph)

    # 使用广度优先搜索查找增广路径
    def bfs(self, s, t, parent):
        visited = [False] * self.ROW
        queue = deque([s])
        visited[s] = True

        while queue:
            u = queue.popleft()
```

```python
        for ind, val in enumerate(self.graph[u]):
            if visited[ind] == False and val > 0:
                queue.append(ind)
                visited[ind] = True
                parent[ind] = u
                if ind == t:
                    return True
    return False


# Edmonds-Karp 算法
def edmonds_karp(self, source, sink):
    parent = [-1] * self.ROW
    max_flow = 0

    while self.bfs(source, sink, parent):
        # 找到增广路径上的最小容量
        path_flow = float('Inf')
        s = sink
        while s != source:
            path_flow = min(path_flow, self.graph[parent[s]][s])
            s = parent[s]

        # 更新残量网络中的边
        v = sink
        while v != source:
            u = parent[v]
            self.graph[u][v] -= path_flow
            self.graph[v][u] += path_flow
            v = parent[v]

        # 增加总流量
        max_flow += path_flow

    return max_flow
```

```
# 示例图（邻接矩阵表示法，图中的值表示边的容量）
graph = [[0, 16, 13, 0, 0, 0],
         [0, 0, 10, 12, 0, 0],
         [0, 4, 0, 0, 14, 0],
         [0, 0, 9, 0, 0, 20],
         [0, 0, 0, 7, 0, 4],
         [0, 0, 0, 0, 0, 0]]

g = Graph(graph)
source = 0   # 源点
sink = 5     # 汇点

print("最大流量是：", g.edmonds_karp(source, sink))
```

输出结果：

最大流量是：23

Edmonds-Karp 算法的时间复杂度：

时间复杂度为 $O(nm^2)$，其中 n 是顶点数，m 是边数。使用广度优先搜索可以保证每次找到最短增广路径，减少寻找增广路径的次数。

Edmonds-Karp 算法的适用场景主要有：

1. **互联网流量管理**：在网络流量管理中，Edmonds-Karp 算法可以用来计算数据从源服务器到目标服务器的最大流量，帮助网络管理员优化带宽分配。

2. **物流运输系统**：在物流网络中，可以使用 Edmonds-Karp 算法来计算从仓库到目的地的最大货物流量，确保运输效率最大化。

1.4.3　总结

1. Ford-Fulkerson 算法

优点：

（1）**适用性强**：Ford-Fulkerson 算法适合各种图结构，不论是稀疏图还是稠密图，它都可以找到从源点到汇点的最大流。

（2）**理论简单**：其基本思想是通过增广路径逐步增加流量，易于理解和实现。

缺点：

（1）**效率依赖路径选择**：由于每次选择的增广路径未必是最短的，因此，Ford-Fulkerson 算法的效率依赖于路径选择的优劣。若每次选择的增广路径较长，算法的执行时间可能会增加。

（2）**无法处理浮点权值**：经典的 Ford-Fulkerson 算法在理论上只能处理整数流量，在涉及浮点数或小数的场景中，效果较差。

2. Edmonds-Karp 算法

优点：

（1）**提升了效率**：通过使用广度优先搜索，Edmonds-Karp 算法保证了每次选择的增广路径是最短路径。因此在实际应用中，其执行效率往往高于原始的 Ford-Fulkerson 算法。

（2）**时间复杂度较优**：Edmonds-Karp 算法在图的规模较大时依然能够高效运行。

缺点：

仍然受限于图的结构：虽然 Edmonds-Karp 通过广度优先搜索提高了效率，但在某些极端情况下，如路径非常复杂或边数非常多的图中，其性能仍然可能受到限制。

Ford-Fulkerson 算法和 Edmonds-Karp 算法在**水流网络设计**、**交通网络优化**、**互联网流量管理**等实际应用中扮演着重要角色。

Ford-Fulkerson 算法由于其简单易实现，适用于各种类型的图结构，尤其在不需要高效率的场景中可以作为一个初步的解决方案。它在处理稀疏图时表现较好，并且对于没有复杂路径的场景效果尤为明显。

Edmonds-Karp 算法则更适合需要高效解决最大流问题的场景，如复杂的网络流量管理和交通规划。其基于广度优先搜索的优化版本使其在处理复杂路径时表现出色，尤其在图的规模较大时，能够显著提升计算速度。

通过合理选择和应用这两种算法，可以有效优化不同领域中的网络流量分配，提升系统的整体效率和经济性。例如，在**供水系统**中，最大流算法可以确保水流分布合理；在**交通网络**中，可以避免道路过载，减少交通拥堵；而在**互联网流量管理**中，则可以实现带宽的高效利用，提升用户体验。

3. 组合最优化中的经典问题以及算法

组合优化（Combinatorial Optimization）是运筹学和计算机科学的重要领域，研究如何在有限的离散对象中找到最佳解决方案。它的目标是在给定约束条件下优化资源使用、时间安排或系统性能等问题。组合优化问题通常难以通过穷举法解决，因此开发了多种算法，如贪心算法、动态规划、启发式和元启发式方法，以有效地应对复杂性。这些算法在物流管理、生产调度、网络设计等众多实际应用中发挥了重要作用，提升了系统的整体效率。

1.5　旅行商问题（Traveling Salesman Problem, TSP）

旅行商问题（TSP）是组合优化中的经典问题之一。问题的描述是给定若干城市以及它们之间的距离，一个旅行商需要从某个城市出发，经过每个城市一次，最后回到出发城市，要求总的旅行距离最短。

TSP 是 NP 困难问题，意味着随着城市数量的增加，找到最优解的计算复杂度急剧上升。然而，TSP 有许多实际应用场景，例如，物流配送、芯片制造、电路板设计、巡航路径规划等领域。

旅行商问题（TSP）实际应用案例主要有

1. **物流配送**：在快递和货运行业，配送车辆需要以最低的运输成本（或时间）将货物送达所有目的地，并最终回到配送中心。解决 TSP 可以帮助优化路线，降低燃料消耗和时间成本。

2. **芯片设计和电路板设计**：在电子制造领域，电路板上的元件连接可以看作一个 TSP 问题，通过优化连线顺序，可以减少材料使用并提高电路的效率。

由于 TSP 是 NP 完全问题，精确解法的时间复杂度随问题规模呈指数增长。常用的精确解法包括动态规划和分支定界法，而在大规模问题中，近似解法（如贪心算法、2-opt 和模拟退火）能够得到高效的近似解。

1.5.1　动态规划解决 TSP

动态规划法算法步骤：

1. **定义状态**：设 $dp[S][i]$ 表示从起点 0 出发，经过集合 S 中的所有节点（包含 i 但不包含 0），最后到达节点 i 的最短路径。

2. **状态转移**：若从节点 i 到节点 j 的距离为 $dist[i][j]$，则有状态转移方程：

$\mathrm{dp}[S][i] = \min(\mathrm{dp}[S - \{i\}][j] + \mathrm{dist}[j][i])$，其中 j 是 S 中的某一个节点，表示从 j 到 i 再回到起点的最短路径。

3. 初始条件：$\mathrm{dp}[\{0\}][0] = 0$，即从起点出发不经过其他节点返回起点，距离为 0。

4. 结果：求解 $\mathrm{dp}[$所有节点$][0]$，即从起点经过所有节点返回起点的最短距离。

动态规划法的 Python 实现如下：

```python
import itertools

# 动态规划法解决TSP问题
def tsp(graph):
    n = len(graph)
    # dp[state][i] 表示经过 state 中的城市，最终停在城市 i 的最短路
    #   径
    dp = [[float('inf')] * n for _ in range(1 << n)]
    dp[1][0] = 0  # 起点为城市0，初始状态为 0001

    # 遍历所有可能的状态
    for state in range(1 << n):
        for i in range(n):
            if state & (1 << i):  # 如果城市 i 在当前状态中
                for j in range(n):
                    if state & (1 << j) and i != j:
                        dp[state][i] = min(dp[state][i], dp[state ^
                            (1 << i)][j] + graph[j][i])

    # 返回从0出发经过所有城市并返回的最短路径
    return min(dp[(1 << n) - 1][i] + graph[i][0] for i in range(1, n
        ))

# 示例图 (邻接矩阵表示法，图中的值表示城市之间的距离)
graph = [[0, 29, 20, 21],
         [29, 0, 15, 17],
         [20, 15, 0, 28],
```

```
                  [21, 17, 28, 0]]

# 执行TSP算法
result = tsp(graph)
print("TSP问题的最小花费是: ", result)
```

输出结果：

TSP 问题的最小花费是：73

算法复杂度：

1. 时间复杂度：$\mathcal{O}(n^2\,2^n)$，其中 n 是城市的数量；

2. 空间复杂度：$\mathcal{O}(n\,2^n)$，需要用动态规划表记录中间状态。

动态规划解决 TSP 可以得到最优解，但由于其时间复杂度较高，仅适用于城市数量较少的情况（约 20 个城市以内）。对于大规模问题，通常使用近似算法。

1.5.2　贪心算法解决 TSP

贪心算法是一种快速的近似算法。它的思路是每次从当前城市出发，选择距离最近的未访问城市，然后继续搜索直到访问所有城市。

贪心算法步骤：

1. 从某个起点出发，将其标记为已访问。

2. 每次选择与当前城市距离最小的未访问城市，标记为已访问。

3. 重复此过程，直到所有城市都被访问。

4. 最后返回到起点。

贪心算法的 Python 实现如下：

```python
def greedy_tsp(graph, start=0):
    n = len(graph)
    visited = [False] * n
    visited[start] = True
    path = [start]
    total_cost = 0
    current_city = start

    for _ in range(n - 1):
```

```
        next_city = None
        min_distance = float('inf')
        for city in range(n):
            if not visited[city] and graph[current_city][city] <
                min_distance:
                next_city = city
                min_distance = graph[current_city][city]

        path.append(next_city)
        visited[next_city] = True
        total_cost += min_distance
        current_city = next_city

    # 回到起点
    total_cost += graph[current_city][start]
    path.append(start)

    return path, total_cost

# 示例图（邻接矩阵表示法，图中的值表示城市之间的距离）
graph = [[0, 29, 20, 21],
         [29, 0, 15, 17],
         [20, 15, 0, 28],
         [21, 17, 28, 0]]

# 执行贪心算法
path, total_cost = greedy_tsp(graph)
print("贪心算法找到的路径: ", path)
print("贪心算法的总花费: ", total_cost)
```

输出结果:

贪心算法找到的路径：$[0, 2, 1, 3, 0]$

贪心算法的总花费：73

贪心算法的算法复杂度低，时间复杂度为 $O(n^2)$，适用于大规模 TSP 问题，能够快速找到可行解。**但是**不能保证最优解，通常会找到次优解或局部最优解。

1.5.3　总结

旅行商问题（TSP）是组合优化领域中的经典问题，广泛应用于物流配送、芯片设计、交通规划等各类实际场景中。TSP 的核心任务是找到一条从起点出发经过所有节点并返回起点的最短路径。然而，TSP 是一个 NP 完全问题，意味着随着问题规模的增加，求解最优解的时间复杂度呈指数增长，这使得在大规模问题中使用传统的精确解法变得极其困难。为此，研究者提出了多种方法来应对这一挑战，其中动态规划和贪心算法是两类常见的解决方案，分别适用于不同规模和需求的场景。

动态规划算法是一种精确算法，基于递归思想，通过将问题分解为更小的子问题来逐步求解，进而解决某些特定规模的 TSP 问题。动态规划使用记忆化来存储已经计算的子问题结果，避免了重复计算，因此可以在较大问题上提供最优解。比如著名的 Held-Karp 算法就是一种动态规划求解 TSP 的典型例子，其时间复杂度为 $\mathcal{O}(n^2 \cdot 2^n)$，虽然相较于穷举法已有显著改进，但随着问题规模的增加，计算量依然较大，处理超大规模 TSP 问题时显得不够高效。因此，动态规划更适合规模适中的问题场景，在需要精确解的情况下表现良好，但计算成本仍是其主要的瓶颈。

与之相比，**贪心算法**是一种高效的近似解法，尤其适合处理大规模问题。贪心算法的核心思想是每一步都选择当前看来最优的局部解，以期获得全局解。在 TSP 的背景下，贪心算法会从一个起点出发，每次选择与当前城市距离最短的下一个城市进行访问，直至所有城市都被访问一次。这种方法计算速度快，时间复杂度较低，能够在很短的时间内生成一个可行解。然而，由于贪心算法只考虑局部最优，并不全局优化，最终解答往往并非最优解，尤其是在某些问题结构复杂或路径差异较大的情况下，解的质量可能会有所下降。因此，贪心算法虽然能够大幅缩短计算时间，但无法保证解的最优性，常用于在时间要求紧迫或问题规模过大时的近似求解。

动态规划和贪心算法的对比体现在多个方面：

1. **解的质量**：动态规划是精确算法，能够保证找到 TSP 问题的全局最优解；而贪心算法则是一种近似算法，虽然计算速度快，但解的质量无法得到保证，通常不能获得最优解，特别是在某些复杂问题上会偏离最优解较远。

2. **时间复杂度**：动态规划的时间复杂度较高，通常为指数级增长，随着问题规模的增大，计算时间迅速增加；贪心算法的时间复杂度相对较低，通常为多项式时间，因此在大规模问题上具有显著的速度优势，能够快速生成可行解。

3. **适用场景**：动态规划适合处理小规模至中等规模的 TSP 问题，特别是在精确解对决策具有重要意义的情况下使用；而贪心算法则更适合在需要快速给出解的情况下使用，如超大规模的 TSP 问题或需要及时响应的应用场景。

4. **计算资源**：由于动态规划需要记忆化存储大量中间结果，因此其内存需求较高，尤其是在处理较大规模问题时；贪心算法则不需要存储大量的中间结果，内存占用较低，资源消耗少。

在实际应用中，TSP 的解决具有广泛的现实意义。通过合理选择算法，可以显著提高系统的运行效率并降低运营成本。对于较小规模或对解质量要求较高的场景，动态规划方法能够提供最佳路径规划，确保系统的最优运行。而在处理大规模问题或时间有限的情况下，贪心算法则提供了一种快速且有效的近似解法，尽管解不一定最优，但足以应对复杂的实际需求。例如，在物流配送的场景中，使用贪心算法可以迅速规划可行的配送路线，降低运输成本和时间；而在芯片设计中，动态规划可以帮助设计最优布线方案，提升制造效率。

总体来说，动态规划和贪心算法各有优劣，前者在求解质量上占优，但时间复杂度较高，适合中小规模的精确解问题；后者计算速度快，适合大规模的近似解问题。根据具体的应用需求和问题规模，合理选择算法能够有效提升系统效率，实现资源的优化配置。

1.6　背包问题（Knapsack Problem）

背包问题是一类组合优化问题，其核心思想是在给定的物品和背包容量限制下，选择物品的组合，使得背包中的物品总价值最大化。最常见的形式是 **0/1 背包问题**，即每个物品只能选择或不选择装入背包。

背包问题在许多领域有广泛应用，例如，投资组合优化、资源分配、物流等。现实中的问题通常包括对有限资源的合理分配，以实现最大的收益或效益。

1. **投资组合优化**：在投资中，每个投资项目有不同的收益和成本，而总资金有限。解决背包问题可以帮助投资者在有限资金下选择最优的投资组合，使得投资收益最大化。

2. **物流和仓储管理**：在运输和仓储中，背包问题帮助确定在有限的运输空间或仓库容量内，如何选择货物以使得货物总价值最大。

3. **时间管理**：当一个人有多项任务要完成，但时间有限时，可以通过背包问题的求解选择完成哪些任务，以最大化工作收益。

1.6.1　0/1 背包问题的动态规划解法

0/1 背包问题的定义：

给定 n 个物品，每个物品有一个重量和一个价值，分别记作 weights[i] 和 values[i]。给定背包容量 W，选择若干物品装入背包，使得这些物品的总重量不超过 W，且总价值最大。

说明：问题要求我们在一组物品中选择一些，每个物品只能选择一次或者不选择，目标是使得所选物品的总价值最大。这个问题在实际生活中有很多应用，比如旅行行李打包、资源分配等。

动态规划算法步骤：

1. 定义状态：

设 dp[i][j] 表示前 i 个物品中选择若干个物品放入容量为 $j(0 \leqslant j \leqslant W)$ 的背包中的最大价值。

2. 状态转移方程：

(1) 如果不选择第 i 个物品：dp[i][j] = dp[i-1][j]；

(2) 如果选择第 i 个物品：dp[i][j] = dp[i-1][j - weights[i]] + values[i]，前提是 weights[i] <= j。

因此，状态转移方程为

```
dp[i][j] = max(dp[i-1][j], dp[i-1][j - weights[i]] + values[i])
```

3. 初始条件：

(1) 当没有物品时，对于任意容量 j，即 dp[0][j] = 0；

(2) 当背包容量为 0 时，对于任意 i，dp[i][0] = 0；

4. **最终结果**：

dp[n][W] 即为将 n 个物品装入容量为 W 的背包中的最大总价值。

0/1 背包问题的 Python 实现如下:

```python
def knapsack(weights, values, W):
    n = len(values)  # 物品数量
    # 创建 dp 数组，初始化为 0
    dp = [[0] * (W + 1) for _ in range(n + 1)]

    # 填充 dp 数组
    for i in range(1, n + 1):
        for w in range(j + 1):
            if weights[i - 1] <= j:
                # 如果当前物品可以装入背包
                dp[i][j] = max(dp[i - 1][j], dp[i - 1][j - weights[i
                    - 1]] + values[i])
            else:
                # 当前物品不能装入背包
                dp[i][j] = dp[i - 1][j]

    return dp[n][W]

# 示例物品
weights = [2, 3, 4, 5]  # 物品的重量
values = [3, 4, 5, 6]   # 物品的价值
capacity = 5  # 背包容量

# 执行背包算法
result = knapsack(weights, values, capacity)
print("0/1 背包问题的最大价值是: ", result)
```

输出结果:

0/1 背包问题的最大价值是: 7

算法的复杂度:

1. 时间复杂度: $\mathcal{O}(nW)$, 其中 n 是物品数量, W 是背包容量。

2. 空间复杂度: $\mathcal{O}(nW)$, 需要二维数组来存储中间结果。

动态规划方法在背包问题上表现良好, 能够精确解决问题, 并且适用于大多

数 0/1 背包问题。然而，当背包容量和物品数量非常大时，算法的空间和时间复杂度可能较高。

1.6.2　贪心算法解决分数背包问题

在**分数背包问题**中，物品可以分割，因此不需要全选某个物品，而是可以根据物品的单位价值（价值/重量）来选择部分装入背包。这种问题可以通过贪心算法求解。

贪心算法步骤：

1. 计算每个物品的单位价值（价值/重量）。

2. 按照单位价值从大到小对物品进行排序。

3. 依次选择物品，将其尽可能多地装入背包。如果某个物品不能全部装入背包，则装入该物品的一部分，直到背包装满为止。

分数背包问题的 Python 实现如下：

```python
# 定义物品类
class Item:
    def __init__(self, value, weight):
        self.value = value
        self.weight = weight

    def __lt__(self, other):
        # 按照单位价值（value/weight）排序
        return (self.value / self.weight) > (other.value / other.
            weight)


def fractional_knapsack(weights, values, W):
    n = len(values)
    items = [Item(values[i], weights[i]) for i in range(n)]
    items.sort()  # 按单位价值排序

    total_value = 0  # 背包中物品的总价值
    for item in items:
        if W >= item.weight:
            # 如果可以放入整个物品
```

```
                W -= item.weight
                total_value += item.value
            else:
                # 如果只能放入部分物品
                total_value += item.value * (W / item.weight)
                break

    return total_value

# 示例物品
weights = [10, 20, 30]  # 物品的重量
values = [60, 100, 120]  # 物品的价值
capacity = 50  # 背包容量

# 执行分数背包算法
result = fractional_knapsack(weights, values, capacity)
print("分数背包问题的最大价值是: ", result)
```

输出结果:

分数背包问题的最大价值是: 240.0

算法的复杂度:

1. 时间复杂度: $\mathcal{O}(n \log n)$, 因为需要对物品按照单位价值进行排序, 其中 n 是物品数量。

2. 空间复杂度: $\mathcal{O}(n)$, 用于存储物品, 其中 n 是物品数量。

分数背包问题的贪心算法能够在 $\mathcal{O}(n \log n)$ 的时间内找到最优解, 适用于可以部分选择物品的场景。

1.6.3 总结

背包问题是组合优化中的经典问题之一, 具有广泛的实际应用, 如投资组合优化、物流与仓储管理、时间管理等。背包问题的解决有助于在有限资源下做出最佳决策。

动态规划算法提供了求解 0/1 背包问题的精确解法, 但时间和空间复杂度较高, 适用于规模适中的问题。贪心算法适用于分数背包问题, 能够在较低的时间

复杂度下快速找到最优解，适合大规模的问题场景。

通过这些算法的应用，企业和个人能够在现实中更好地进行资源分配、提高效率并获得最大化的收益。

背包问题主要有以下应用：

1. 投资组合优化

在金融投资中，每个项目有不同的预期收益和投资成本，而总资金量是有限的。背包问题可以用于优化投资组合，在有限资金内选择能够带来最大收益的项目。例如，动态规划算法可以帮助找到最佳的项目组合，确保在不超出预算的情况下获得最大化的收益。

2. 物流与仓储

在物流运输或仓储管理中，运载车辆或仓库空间是有限的。背包问题帮助管理者确定如何选择货物，使得装载的货物总价值最大。通过解决分数背包问题，可以在有限空间内装入价值更高的货物，提高运输或仓储的效率。

3. 时间管理

对于时间管理问题，可以将可完成的任务看作物品，每个任务有不同的时间消耗和收益。通过解决背包问题，可以帮助用户在有限时间内安排任务，使得收益最大化。例如，在项目管理中，可以将每个任务的时间成本和预期收益看作物品，背包问题的求解将为项目经理提供最优的任务选择方案。

1.7　指派问题（Assignment Problem）

指派问题（Assignment Problem）是一类组合优化问题，目标是将一组任务指派给一组人或机器，使得总成本最小。通常，问题可以用一个 $n \times n$ 的矩阵表示，矩阵中的每个元素表示将某个人或机器分配给某个任务的成本，目标是找到一个分配方案，使得所有任务都被分配且总成本最小。

指派问题最著名的解法是 **匈牙利算法（Hungarian Algorithm）**，该算法能够在多项式时间内（ $\mathcal{O}(n^3)$ ）找到问题的最优解。

1.7.1 匈牙利算法（Hungarian Algorithm）

匈牙利算法（又称 Kuhn-Munkres 算法）是一种高效的用于求解指派问题的算法。其核心思想是通过迭代更新顶点标签和路径找到最小权重匹配。

算法步骤：

1. 初始化：从矩阵的每一行和每一列中减去各自的最小值，生成一个初步的零成本矩阵。

2. 寻找匹配：在经过初步处理的矩阵中寻找最大匹配。

3. 调整矩阵：如果无法找到完整的匹配，则通过调整行和列的顶点标签，生成新的零元素矩阵，继续寻找匹配，直到找到一个完整的匹配。

4. 输出结果：当找到完整的匹配时，得到最优分配方案。

Python 实现匈牙利算法如下：

```python
import numpy as np

def hungarian_algorithm(cost_matrix):
    # 行数与列数必须相等
    n = cost_matrix.shape[0]

    # 行和列的标记数组
    row_covered = np.zeros(n, dtype=bool)
    col_covered = np.zeros(n, dtype=bool)

    # 标记0元素的位置
    marked_zeros = np.zeros_like(cost_matrix, dtype=bool)

    # Step 1: 从每一行减去该行的最小值
    cost_matrix -= cost_matrix.min(axis=1)[:, np.newaxis]

    # Step 2: 从每一列减去该列的最小值
    cost_matrix -= cost_matrix.min(axis=0)

    def find_zero():
        for i in range(n):
```

```
        for j in range(n):
            if cost_matrix[i, j] == 0 and not row_covered[i] and
                not col_covered[j]:
                return i, j
    return None

def cover_columns():
    for j in range(n):
        if any(marked_zeros[:, j]):
            col_covered[j] = True

def uncover_all():
    row_covered[:] = False
    col_covered[:] = False

# Step 3: 标记独立的0元素，构建初步匹配
while True:
    zero_pos = find_zero()
    if zero_pos is None:
        break
    i, j = zero_pos
    marked_zeros[i, j] = True
    row_covered[i] = True
    col_covered[j] = True

# 取消所有行和列的标记
uncover_all()

def find_min_uncovered():
    min_value = np.inf
    for i in range(n):
        for j in range(n):
            if not row_covered[i] and not col_covered[j]:
                min_value = min(min_value, cost_matrix[i, j])
```

```
            return min_value

    while True:
        # Step 4: 检查是否找到完整的匹配
        cover_columns()
        if col_covered.sum() == n:
            break

        # Step 5: 调整矩阵
        min_value = find_min_uncovered()
        for i in range(n):
            if row_covered[i]:
                cost_matrix[i] += min_value
            if not col_covered[i]:
                cost_matrix[:, i] -= min_value

    # 构建结果
    result = []
    for i in range(n):
        for j in range(n):
            if marked_zeros[i, j]:
                result.append((i, j))
    return result

# 示例: 4x4 的成本矩阵
cost_matrix = np.array([[9, 11, 14, 11],
                        [6, 15, 13, 13],
                        [12, 13, 6, 8],
                        [9, 7, 12, 10]])

# 执行匈牙利算法
assignment = hungarian_algorithm(cost_matrix)

print("最优指派: ")
```

```
for i, j in assignment:
    print(f"任务 {i+1} 分配给员工 {j+1}，成本：{cost_matrix[i, j]}")
```

输出结果：

最优指派：

任务 1 分配给员工 2，成本：11

任务 2 分配给员工 1，成本：6

任务 3 分配给员工 4，成本：8

任务 4 分配给员工 3，成本：12

算法的复杂度：

算法的时间复杂度：$\mathcal{O}(n^3)$，其中 n 是任务/工人的数量。匈牙利算法的时间复杂度是多项式的，因此非常适合大规模问题的求解。

1.7.2　总结

指派问题（**Assignment Problem**）是一种重要的组合优化问题，目标是找到最优的任务分配方案，以使总成本最小化。它在员工任务分配、机器调度、物流管理等实际场景中有广泛应用。

匈牙利算法（**Hungarian Algorithm**）是解决指派问题的经典算法，通过解决指派问题，企业能够优化资源分配，降低成本，提高工作效率，并在多种领域中发挥重要作用。

指派问题主要有以下应用：

1. 员工任务分配

在公司中，通常有多个任务需要分配给员工，员工完成每项任务的成本各不相同。例如，一些员工对特定任务更熟练，完成的成本较低，而对其他任务的成本较高。通过匈牙利算法，经理可以有效地分配任务，确保总成本最小，从而提高效率。

2. 机器任务分配

在制造业中，工厂可能拥有多台机器，每台机器完成不同任务的效率和成本不同。指派问题帮助确定如何将任务分配给机器，使总加工时间或总成本最小。例如，在生产线上优化任务分配能够减少机器空转时间，提高生产率。

3. 学校考场安排

在学校中，有多个考生需要分配到不同的考场。每个考生到考场的距离不同，通过匈牙利算法，可以找到一个最优方案，使得考生的总路程最小，避免过度拥挤和长时间的路程。

4. 物流配送

在物流行业中，如何将多个配送任务分配给不同的配送车辆，使得总运输成本最小化，也是一个典型的指派问题。通过求解指派问题，可以优化资源利用率，降低运营成本。

1.8 图的着色问题（Graph Coloring Problem）

图的着色问题是一类经典的组合优化问题，其目标是将图中的顶点着色，使得相邻顶点的颜色不同，并且使用的颜色数量尽可能少。这个问题主要应用于资源分配、时间表安排和地图着色等领域。

图的着色问题有多种形式，最常见的是**最小着色问题**，即在给定的图中，寻找所需最少颜色数以对图的顶点进行合法着色（即相邻顶点具有不同颜色）。

图着色问题是 NP 完全问题，意味着随着问题规模的增大，找到最优解的时间复杂度急剧上升。常见的算法包括贪心算法、回溯法和启发式算法。

1.8.1 贪心算法解决图的着色问题

贪心算法是一种简单且高效的图着色算法。它逐个遍历图的顶点，每次为当前顶点分配一个可用的最小编号颜色（不同于相邻顶点的颜色）。贪心算法不一定能找到最优解，但能提供一个合理的近似解。

贪心算法步骤：

1. 初始化一个颜色列表，用于记录每个顶点的颜色编号。

2. 逐个遍历图中的每个顶点：

    (1) 对于当前顶点，检查其所有相邻顶点的颜色，找到最小的可用颜色编号；

    (2) 将该颜色分配给当前顶点。

3. 重复步骤 2，直到所有顶点都着色完毕。

贪心算法的 Python 实现如下:

```python
def greedy_coloring(graph):
    # 初始化所有顶点的颜色为 -1 (表示未着色)
    n = len(graph)
    result = [-1] * n

    # 为第一个顶点分配颜色 0
    result[0] = 0

    # 可用颜色的列表, 初始化为 False 表示未被相邻顶点占用
    available = [False] * n

    # 为剩余的 n-1 个顶点分配颜色
    for u in range(1, n):
        # 标记相邻顶点的颜色为已占用
        for i in graph[u]:
            if result[i] != -1:
                available[result[i]] = True

        # 找到第一个可用颜色
        color = 0
        while color < n and available[color]:
            color += 1

        # 为当前顶点分配找到的颜色
        result[u] = color

        # 重置 available 列表
        for i in graph[u]:
            if result[i] != -1:
                available[result[i]] = False

    return result
```

```
# 示例图（邻接列表表示法）
graph = {
    0: [1, 2],
    1: [0, 2, 3],
    2: [0, 1, 3],
    3: [1, 2]
}


# 执行贪心算法进行图着色
coloring = greedy_coloring(graph)
print("顶点的颜色分配为: ", coloring)
```

输出结果：

顶点的颜色分配为：$[0, 1, 2, 0]$

说明：

1) 顶点 0 被分配了颜色 0；

2) 顶点 1 被分配了颜色 1，因为它与顶点 0 相邻；

3) 顶点 2 被分配了颜色 2，因为它与顶点 0 和顶点 1 相邻；

4) 顶点 3 被分配了颜色 0，因为它与顶点 1 和顶点 2 相邻，但颜色 0 对它
是可用的。

算法的复杂度：

该贪心算法的时间复杂度是 $\mathcal{O}(n^2)$，其中 n 是顶点的数量，E 是图中的边数。
在最坏情况下，寻找可用颜色可能需要检查 n 个颜色，因此复杂度达到 $\mathcal{O}(n^2)$，
但对于较稀疏的图，复杂度可能接近 $\mathcal{O}(n+m)$。其中 n 是顶点数，m 是边数。

1.8.2 回溯算法解决图的着色问题

贪心算法虽然高效，但它不保证找到最少的颜色数。为了找到最优解，通常
需要使用回溯法。回溯法通过尝试不同的颜色组合，逐步找到合法的最小着色。

回溯算法步骤：

1. 从第一个顶点开始，依次尝试为每个顶点分配颜色。

2. 对于当前顶点，尝试使用从 1 到最大颜色数的所有颜色：

    (1) 如果分配的颜色不与相邻顶点冲突，则继续对下一个顶点进行着色；

　　(2) 如果发生冲突，则回溯，尝试另一种颜色。

　3. 重复上述过程，直到所有顶点都合法着色，或找到所有可行的方案。

回溯算法的 Python 实现如下：

```python
# 检查是否可以为顶点 v 分配颜色 c
def is_safe(graph, v, color, c):
    for i in graph[v]:
        if color[i] == c:
            return False
    return True


# 回溯法求解图着色问题
def graph_coloring_backtracking(graph, m, color, v):
    if v == len(graph):
        return True

    # 尝试为当前顶点 v 分配颜色
    for c in range(1, m + 1):
        if is_safe(graph, v, color, c):
            color[v] = c
            if graph_coloring_backtracking(graph, m, color, v + 1):
                return True
            color[v] = 0  # 回溯

    return False


# 主函数
def graph_coloring(graph, m):
    n = len(graph)
    color = [0] * n
    if graph_coloring_backtracking(graph, m, color, 0):
        return color
    else:
        return "无法使用给定的颜色数完成着色"
```

```
# 示例图（邻接列表表示法）
graph = {
    0: [1, 2],
    1: [0, 2, 3],
    2: [0, 1, 3],
    3: [1, 2]
}

# 执行回溯算法进行图着色，使用最多3种颜色
coloring = graph_coloring(graph, 3)
print("顶点的颜色分配为：", coloring)
```

输出结果：

顶点的颜色分配为：[1, 2, 3, 1]

算法的复杂度：

回溯算法用于图着色问题的**最坏时间复杂度为** $\mathcal{O}(m^n d)$，其中 m 是可用的颜色数，n 是图中的顶点数，d 是图的平均度数（相当于每个顶点的相邻顶点数）。

1.8.3 总结

图着色问题（Graph Coloring Problem）是组合优化领域中的经典问题，它广泛应用于现实中的资源分配、冲突避免等场景。在图着色问题中，目标是为图中的每个顶点分配一个颜色，使得相邻顶点的颜色不同，同时尽可能使用最少的颜色。该问题的解决在多个领域中具有重要意义，例如考试安排、无线频率分配以及地图绘制。

1. 考试安排问题

在大学期末考试中，不同课程可能有相同的学生报名参加，因此这些课程不能安排在同一时间段进行考试。可以将每门课程表示为图中的一个顶点，若两门课程有共同的学生，则在这两个顶点之间连一条边。这个问题的目标是找到一种最少的时间段安排，使得相邻课程（即有共同学生的课程）不在同一时间段考试。通过求解图着色问题，学校能够合理分配考试时间，确保所有学生能按时参加所有课程的考试。

2. 频率分配问题

在无线通信中，不同设备需要使用不同的频率，以避免信号干扰。如果两个设备距离较近或需要同时工作，它们不能使用相同的频率。我们可以将每个设备表示为图中的一个顶点，若两个设备不能共享相同的频率，则在它们之间连一条边。通过求解图着色问题，电信运营商可以确定最少的频率分配方案，避免信号干扰，同时最优化地利用有限的频率资源。

3. 地图着色问题

在地图绘制中，相邻的国家需要使用不同的颜色进行标记，以便在视觉上容易区分。可以将每个国家视为图中的一个顶点，若两个国家相邻，则在它们之间连一条边。通过求解图着色问题，可以确定最少的颜色数来绘制地图。这种方法不仅节省了绘图资源，还确保了地图的易读性和美观性。

贪心算法是一种简单快速的近似解法。它的基本思想是依次为每个顶点分配颜色，保证每个顶点的颜色与其相邻顶点不同。贪心算法在每一步都选择当前可用的最小颜色，因此其计算速度非常快，适合用于处理大规模的问题。然而，贪心算法并不能保证最优解，它仅通过局部最优选择来接近全局最优解。虽然在某些情况下，贪心算法可能会得到较好的解，但它无法保证找到使用最少颜色的最优解。

优点：

1. 速度快：贪心算法每个顶点仅检查其相邻节点的颜色，计算复杂度低，适合大规模图的快速求解；

2. 易于实现：贪心算法实现简单，适用于对精确性要求不高或需要快速得出近似解的场景。

缺点：

1. 不能保证最优解：由于贪心算法只关注局部最优选择，它在处理某些复杂图结构时可能需要更多的颜色，得不到最优的结果；

2. 结果依赖顺序：顶点的处理顺序会显著影响贪心算法的最终解，在某些情况下会导致非最优的解。

回溯算法是一种精确解法，通过穷尽所有可能的颜色分配，确保找到最优解。它通过递归的方式为每个顶点尝试所有可能的颜色，若当前分配导致冲突，则回溯到上一个顶点重新选择颜色。回溯算法能够保证解的最优性，但由于它会遍历所有可能的分配组合，时间复杂度较高，因此只适用于较小规模的图。

优点：

1. 保证最优解：回溯算法会遍历所有可能的颜色分配组合，因此可以找到使用最少颜色的最优解；

2. 适用于复杂图结构：在面对复杂图时，回溯算法能够深入探索所有可能性，确保解决方案的最优性。

缺点：

1. 计算复杂度高：回溯算法的时间复杂度是指数级的，随着图的规模增加，算法的执行时间显著增长。因此，对于大规模图或复杂问题，回溯算法的效率较低；

2. 资源消耗大：回溯算法需要大量的计算资源来处理所有可能的解，对于大规模图问题而言，内存和时间的消耗都较高。

在实际应用中，选择哪种算法取决于问题的规模和对解的要求。如果需要快速得到一个可行解且对精确性要求不高，贪心算法是一个不错的选择；但如果问题规模较小且需要精确解，回溯算法能够提供最优的解决方案。通过求解图着色问题，能够在现实场景中最优地分配资源、减少冲突并提高效率。

1.9　匹配问题（Matching Problem）

匹配问题是图论中的经典问题之一，目标是找到图中的顶点之间的最大匹配。匹配指的是图中的一组边，其中没有任何两条边共享顶点。匹配问题在许多实际应用场景中都有广泛的应用，如任务分配、稳定婚姻问题、学校选课等。

常见的匹配问题类型有：

(1) 最大匹配问题：寻找边数最多的匹配；

(2) 完美匹配问题：匹配中的每个顶点都参与匹配；

(3) 加权匹配问题：边带有权重，目标是找到权重和最大的匹配。

1.9.1　匈牙利算法（Hungarian Algorithm）解决二分图最大匹配问题

匈牙利算法是用于求**二分图最大匹配**的经典算法。

二分图是由两个不相交的顶点集 U 和 V 组成的图，所有边只连接 U 中的顶

点和 V 中的顶点。匈牙利算法通过寻找增广路径逐步扩大匹配，直至找到最大匹配。

增广路径：

增广路径是指从一个未匹配的顶点开始，通过交替使用未匹配边和已匹配边，找到一条能够使得匹配边数增加的路径。

匈牙利算法的步骤：

1. 初始化匹配为空集。

2. 对于每个未匹配的节点，使用**深度优先搜索**（DFS）寻找增广路径。

3. 如果找到增广路径，则通过该路径更新匹配。

4. 重复寻找增广路径，直到没有新的增广路径为止。

Python 实现匈牙利算法如下：

```python
# 匈牙利算法实现
def dfs(graph, u, match_u, match_v, visited):
    # 深度优先搜索寻找增广路径
    for v in graph[u]:
        if not visited[v]:
            visited[v] = True
            # 如果 v 没有匹配，或者找到一个可以为 v 的当前匹配找到新
                的增广路径
            if match_v[v] == -1 or dfs(graph, match_v[v], match_u,
                match_v, visited):
                match_u[u] = v
                match_v[v] = u
                return True
    return False


def hungarian_algorithm(graph, U_size, V_size):
    match_u = [-1] * U_size  # U 集合中每个顶点的匹配情况
    match_v = [-1] * V_size  # V 集合中每个顶点的匹配情况
    result = 0  # 最大匹配数

    # 对于每个 U 集合中的顶点，尝试寻找增广路径
    for u in range(U_size):
```

```
        visited = [False] * V_size  # 记录 V 集合中的顶点是否已访问
        if dfs(graph, u, match_u, match_v, visited):
            result += 1  # 找到增广路径后, 匹配数增加1

    return result, match_u


# 示例二分图 (邻接列表表示法)
# U 集合有 4 个顶点, V 集合有 4 个顶点
graph = {
    0: [0, 1],   # U0 可以与 V0 和 V1 相连
    1: [1, 2],   # U1 可以与 V1 和 V2 相连
    2: [0, 2],   # U2 可以与 V0 和 V2 相连
    3: [1, 3]    # U3 可以与 V1 和 V3 相连
}


U_size = 4  # U集合的大小
V_size = 4  # V集合的大小


# 执行匈牙利算法
max_matching, match_u = hungarian_algorithm(graph, U_size, V_size)
print("最大匹配数: ", max_matching)
print("U集合的匹配情况: ", match_u)
```

输出结果:

最大匹配数: 4

U 集合的匹配情况: $[1, 2, 0, 3]$

说明:

1. 匈牙利算法找到的最大匹配数为 4, 表示在该二分图中, U 集合中的 4 个顶点与 V 集合中的 4 个顶点匹配成功。

2. match_u 数组表示 U 集合中每个顶点的匹配情况。

算法复杂度:

匈牙利算法的时间复杂度为 $\mathcal{O}(n_1 n_2)$, 其中 n_1 是集合 U 中的顶点数, n_2 是集合 V 中的顶点数。该算法适合处理中小规模的二分图匹配问题。

1.9.2　Hopcroft-Karp 算法解决二分图最大匹配问题

Hopcroft-Karp 算法是匈牙利算法的改进版本，它通过更高效地寻找增广路径解决二分图的最大匹配问题，尤其适合大规模二分图。

Hopcroft-Karp 算法的步骤：

1. 使用广度优先搜索（BFS）构建增广路径的层次结构。

2. 使用深度优先搜索（DFS）扩展增广路径。

3. 重复步骤 1 和步骤 2，直到无法找到新的增广路径为止。

Hopcroft-Karp 算法的 Python 实现如下：

```python
from collections import deque

# BFS 查找增广路径的层次结构
def bfs(graph, U_size, match_u, match_v, dist):
    queue = deque()
    for u in range(U_size):
        if match_u[u] == -1:
            dist[u] = 0
            queue.append(u)
        else:
            dist[u] = float('inf')
    dist[-1] = float('inf')

    while queue:
        u = queue.popleft()
        if dist[u] < dist[-1]:
            for v in graph[u]:
                if dist[match_v[v]] == float('inf'):
                    dist[match_v[v]] = dist[u] + 1
                    queue.append(match_v[v])

    return dist[-1] != float('inf')


# DFS 查找增广路径
def dfs_hk(graph, u, match_u, match_v, dist):
```

```
        if u != -1:
            for v in graph[u]:
                if dist[match_v[v]] == dist[u] + 1:
                    if dfs_hk(graph, match_v[v], match_u, match_v, dist)
                        :
                        match_u[u] = v
                        match_v[v] = u
                        return True
            dist[u] = float('inf')
            return False
        return True


# Hopcroft-Karp算法实现
def hopcroft_karp(graph, U_size, V_size):
    match_u = [-1] * U_size   # U集合的匹配情况
    match_v = [-1] * V_size   # V集合的匹配情况
    dist = [-1] * (U_size + 1)  # BFS 层次结构

    result = 0
    while bfs(graph, U_size, match_u, match_v, dist):
        for u in range(U_size):
            if match_u[u] == -1 and dfs_hk(graph, u, match_u,
                match_v, dist):
                result += 1

    return result, match_u


# 示例二分图
graph = {
    0: [0, 1],
    1: [1, 2],
    2: [0, 2],
    3: [1, 3]
}
```

```
U_size = 4
V_size = 4

# 执行Hopcroft-Karp算法
max_matching, match_u = hopcroft_karp(graph, U_size, V_size)
print("最大匹配数: ", max_matching)
print("U集合的匹配情况: ", match_u)
```

输出结果：

最大匹配数：4

U 集合的匹配情况：$[0, 1, 2, 3]$

算法复杂度：

Hopcroft-Karp 算法的时间复杂度为 $\mathcal{O}(n^{0.5}m)$，其中 n 是顶点数，m 是边数。

1.9.3　总结

二分图匹配问题是图论中的经典问题，在许多实际场景中有广泛的应用。匈牙利算法和 Hopcroft-Karp 算法是解决二分图匹配问题的两种经典方法。通过这两种算法，我们能够高效地在二分图中找到最大匹配，即尽可能多地为图的两部分集合中的顶点建立匹配。

1. 算法机制对比

匈牙利算法使用的是深度优先搜索（DFS）策略，在每次搜索时只找到一条增广路径。该算法的优势在于简单易实现，但由于每次只能找到一条增广路径，可能需要进行较多次递归。

Hopcroft-Karp 算法使用广度优先搜索（BFS）来构建层次图，并在每个阶段通过 DFS 找到多条增广路径。相较于匈牙利算法，Hopcroft-Karp 能够更快地收敛到最优匹配，特别适合大规模二分图。

2. 适用场景对比

匈牙利算法：适用于规模较小的二分图匹配问题，算法的实现简单，且对于中小规模的图具有良好的性能。

Hopcroft-Karp 算法：适用于规模较大的二分图匹配问题，特别是在边数较多的情况下，Hopcroft-Karp 的性能要优于匈牙利算法。

二分图的匹配问题可应用于以下案例：

1. 任务分配问题

在实际场景中，例如工厂中的任务调度问题，可以将工人和任务分别作为二分图的两个集合，边表示工人可以完成的任务。通过解决二分图匹配问题，我们可以找到最优的任务分配方案，使得任务完成效率最高。

例如，工厂有 5 个工人和 5 项任务，每个工人只能完成特定的任务。通过构建二分图，将工人和任务作为顶点，边表示工人与任务的可匹配关系，使用匈牙利或 Hopcroft-Karp 算法，可以快速找到最大任务匹配方案，确保任务合理分配。

2. 学校与学生的课程安排

在大学的选课系统中，某些课程由于学生人数限制不能同时开课。将课程与时间段作为二分图的两部分，边表示课程可以安排在的时间段，解决二分图匹配问题可以帮助学校优化课程安排，确保每个学生都能够选到需要的课程而不发生冲突。

例如，某大学有多个课程和有限的时间段。通过构建二分图，使用匈牙利算法或 Hopcroft-Karp 算法，学校可以找到最优的课程安排，使课程冲突最小化，确保学生能够按照需求上课。

3. 招聘与职位匹配

在企业的招聘过程中，可以将应聘者和职位分别作为二分图中的两个集合，边表示应聘者有资格申请某个职位。通过求解二分图匹配问题，可以为企业找到最佳的职位分配方式，确保最合适的人才被分配到适合的岗位。

例如，某公司有多个职位空缺和应聘者，通过构建二分图，求解最大匹配问题，使用匈牙利或 Hopcroft-Karp 算法，帮助公司在短时间内合理分配应聘者到相应的职位，保证招聘效率。

参考文献

[1]   EULER L. Solutio problematis ad geometriam situs pertinentis[J]. Commentarii
       Academiae Scientiarum Imperialis Petropolitanae, 1736, 8: 128-140.

[2]   CAYLEY A. On the theory of the analytical forms called trees[J]. Philosophical Mag-
       azine, 1857, 13: 172-176.

[3]   KIRCHHOFF G. Über die auflösung der gleichungen, auf welche man bei der un-
       tersuchung der linearen verteilung galvanischer ströme geführt wird[J]. Annalen der
       Physik und Chemie, 1847, 72(12), 497-508.

[4]   KURATOWSKI K. Sur le probleme des courbes gauches en topologie[J]. Fundamenta
       Mathematicae, 1930, 15(1): 271-283.

[5]   ERDOS P, TURAN P. On some sequences of integers[J]. Journal of the London
       Mathematical Society, 1936, 11: 261-264.

[6]   WHITNEY H. On the abstract properties of linear dependence[J]. American Journal
       of Mathematics, 1935, 57(3): 509-533.

[7]   FORD L R, FULKERSON D R. Maximal flow through a network[J]. Canadian Jour-
       nal of Mathematics, 1956, 8: 399-404.

[8]   APPEL K, HAKEN W. Every planar map is four colorable[J]. Illinois Journal of
       Mathematics, 1976, 21(3): 429-567.

[9]   KIPF T N, WELLING M. Semi-supervised classification with graph convolutional
       networks[C]//arXiv preprint arXiv:1609.02907, 2017.

[10]   HOLME P, SARAMAKI J. Temporal networks[J]. Physics Reports, 2012, 519(3):
       97-125.

[11]   ZHOU D, HUANG J, SCHOLKOPF B. Learning with hypergraphs: clustering, clas-
       sification, and embedding[C]//Advances in Neural Information Processing Systems
       19, 2007, 19: 1601-1608.

[12]   NEWMAN M E J. Networks: an introduction[M]. Oxford: Oxford University Press,
       2010.

[13] 王新红. 几个组合优化问题的研究及应用 [D]. 济南: 山东大学, 2003.

[14] PAPADIMITRIOU C H, STEIGLITZ K. Combinatorial Optimization: Algorithms and Complexity[M]. New Jersey: Prentice-Hall, 1982.

[15] BONDY J A, MURTY U S R. 图论及其应用 [M]. 吴望名, 李念祖, 吴兰芳, 等译. 北京: 科学出版社, 1984.

[16] 田丰, 马仲蕃. 图与网络流理论 [M]. 北京: 科学出版社, 1987.

[17] KNUTH D E. The art of computer programming: fundamental algorithms[M]. Boston: Addison-Wesley, 1998.

[18] VAZIRANI V V. Approximation algorithms[M]. New York: Springer-Verlag Berlin Heidelberg, 2001.

[19] ANANY L. 算法设计与分析基础 [M]. 潘彦, 译. 北京: 清华大学出版社, 2004.

[20] AHUJA R K, MAGNANTI T L, ORLIN J B. Network flows: theory, algorithms, and Applications[M]. Englewood Cliffs: Prentice Hall, 1993.

[21] WEGENER I. Complexity theory[M]. Berlin: Springer-Verlag, 2003.

[22] 陈志平, 徐宗本. 计算机数学: 计算复杂性理论与 NPC、NP 难问题的求解 [M]. 北京: 科学出版社, 2001.

[23] 徐俊明. 组合网络理论 [M]. 北京: 科学出版社, 2007.

[24] 堵丁柱, 葛可一, 王杰. 计算复杂性导论 [M]. 北京: 高等教育出版社, 2002.

[25] HOCHBAUM D S. Approximation algorithms for NP-hard problems[M]. Boston: PWS Publishing Company, 1997.

[26] BERN M W, GRAHAM R L. The shortest-network problem[J]. Scientific American, 1989, (1): 84-89.

[27] STEWART I. Trees, telephones and tiles[J]. New Scientist, 1991, (16): 26-29.

[28] COURANT R, ROBBINS H. What is mathematics?[M]. New York: Oxford University Press, 1941.

[29] MELZAK Z A. On the problem of Steiner[J]. Canadian Mathematical Bulletin, 1961, (4): 143-148.

[30] GILBERT E N, POLLAK H O. Steiner minimal trees[J]. SIAM Journal on Applied Mathematics, 1968, (16): 1-29.

[31] Du D Z, Hu X D. Steiner tree problems in computer communication networks[M]. Singapore: World Scientific Publishing Co. Pte. Ltd., 2008.

[32] BYRKA J, GRANDONI F, ROTHVOSS T, et al. Steiner tree approximation via iterative randomized rounding[J]. Journal of the ACM (JACM), 2013, 60(1): 1-33.

[33] WANG X, XU J, GUO M. A hybrid metaheuristic algorithm for the Steiner tree problem in large-scale networks[J]. Applied Soft Computing, 2016, 46: 1018-1031.

[34] DREYFUS S E, WAGNER R A. The Steiner problem in graphs[J]. Networks, 1971,

1(3): 195-207.

[35]　FISCHETTI M, LEITNER M, LJUBIC I. Thinning out Steiner trees: a node-based ILP approach[J]. Mathematical Programming Computation, 2017, 9: 203-229.

[36]　LJUBIC I, MUTZEL P. Solving the prize-collecting Steiner tree problem to optimality[J]. Theoretical Computer Science, 2020, 754: 19-40.

[37]　HE Y, LIU J. A reinforcement learning approach to solving the Steiner tree problem[C]// Advances in Neural Information Processing Systems 33 (NeurIPS 2020),2020.

[38]　MA Z, CHEN W. Hybrid genetic algorithm for solving Steiner tree problem[J]. Journal of Heuristics, 2022, 28: 207-231.

[39]　WILLIAMSON D P, VAN ZUYLEN A. A 4/3-approximation for the minimum tree spanner problem[J]. SIAM Journal on Computing, 2021, 50(5): 1476-1496.

[40]　KLEIN P N, RAVI R. A nearly best-possible approximation algorithm for node-weighted Steiner trees[J]. Journal of Algorithms, 1995, 19(1): 104-115.

[41]　SHEN H, WANG H, ZHAO X. Efficient algorithms for the Steiner tree problem in large-scale wireless sensor networks[J]. IEEE Access, 2020, 8: 109840-109854.

[42]　ZHANG Z, ZHANG H, ZHANG J. Optimal design of 5G networks: A Steiner tree approach[J]. IEEE Transactions on Wireless Communications, 2018, 17(5): 3300-3311.

[43]　CHANG Y J, CHENG Y C, HSU W L, et al. A practical algorithm for rectilinear Steiner tree construction with length restriction[J]. IEEE Transactions on Computer-Aided Design of Integrated Circuits and Systems, 2016, 35(1): 85-98.

[44]　BOUCHER C, LEVY A, RIZK G. A Steiner approach to efficient phylogenetic inference in the presence of insertion and deletion events[J]. Bioinformatics, 2014, 30(17): i218-i225.

[45]　ZHOU X, ZHANG F, LIANG Y. A novel algorithm for the Steiner tree problem based on biological evolution[J]. Journal of Computational Biology, 2021, 28(4): 345-356.

[46]　LI J, WANG X, GUO M. Learning to solve the Steiner tree problem with neural networks[C]//Proceedings of the AAAI Conference on Artificial Intelligence, 34(2): 2323-2330.

[47]　LI Q, ZHAO G. Deep learning-based heuristic algorithm for the Steiner tree problem in graphs[J]. Journal of Artificial Intelligence Research, 2023, 76: 123-139.

[48]　XU Y, TANG J, LIU W. Parallel and distributed algorithms for the Steiner tree problem in large-scale networks[J]. IEEE Transactions on Parallel and Distributed Systems, 2019, 30(8): 1843-1854.

[49] GUPTA V, SINGH A K. Distributed parallel algorithms for Steiner tree problems in IoT networks[J]. IEEE Transactions on Network and Service Management, 2022, 19(1): 45-58.

[50] WANG S, SUN Y, ZHANG X. A novel memetic algorithm for the Steiner tree problem in networks[J]. Applied Intelligence, 2023, 53(4): 3456-3473.

[51] 张胜贵, 彭书英, 李美丽, 等. 广义欧几里得 Steiner 问题的研究与进展 [J]. 工程数学学报, 2005, (22): 571-578.

[52] WINTER P. The Steiner Problem[D]. Denmark: University of Copenhagen, 1981.

[53] WINTER P. Steiner Problem in networks: a survey[J]. Networks, 1987, (17): 129-167.

[54] HWANG F K, RICHARDS D S. Steiner tree problems[J]. Networks, 1992, (22): 55-89.

[55] 郑莹, 王建新, 陈建二. Steiner Tree 问题的研究进展 [J]. 计算机科学, 2011, (38): 16-22.

[56] KARP R M. Reducibility among combinatorial problems [C]//Complexity of Computer Communications, 1972: 85-103.

[57] GAREY M R, GRAHAM R L, JOHNSON D S. The complexity of computing Steiner minimal trees[J]. SIAM Journal on Applied Mathematics, 1977, (32): 835-859.

[58] 张瑾, 马良. Steiner 最小树问题及其应用 [J]. 科学技术与工程, 2008, (8): 4238-4257.

[59] DU D Z, HWANG F K. A proof of Gilbert-Pollak's conjecture on the Steiner ratio[J]. Algorithmica, 1992, (7): 121-135.

[60] IVANOV A O, TUZHILIN A A. The Steiner ratio Gilbert-Pollak conjecture is still open (clarification statement)[J]. Algorithmica, 2012, (62): 630-632.

[61] CHUNG F R K, GRAHAM R L. A new bound for the Euclidean Steiner minimal trees[J]. Annals of the New York Academy of Sciences, 1985, (440): 328-346.

[62] GAREY M R, JOHNSON D S. Computers and intractability: a guide to the theory of NP-completeness[M]. New York: W. H. Freeman, 1990.

[63] CHIANG C, SARRAFZADEH M, WONG C K. A powerful global router: based on Steiner min-max trees[C]// 1989 IEEE International Conference on Computer-Aided Design, 1989: 2-5.

[64] GILBERT E N. Minimum cost communication networks[J]. The Bell System Technical Journal, 1967, (9): 2209-2227.

[65] SOUKUP J. On minimum cost networks with nonlinear costs[J]. SIAM Journal on Applied Mathematics, 1975, (29): 571-581.

[66] HWANG F K, RICHARD D S, WINTER P. The Steiner tree problem[M]. North-Holland: Annals of Discrete Mathematics 53, 1992.

[67] ZELIKOVSKY A Z. An 11/6-approximation algorithm for the network Steiner problem[J]. Algorithmica, 1993, (9): 463-470.

[68] BERN M, PLASSMANN P. The Steiner problem with edge lengths 1 and 2[J]. In-

formation Processing Letters, 1989, (32): 171-176.

[69] BERN M. Faster exact algorithms for Steiner tree in planar networks[J]. Networks, 1990, (20): 109-120.

[70] DU D Z, ZHANG Y, FENG Q. On better heuristic for Euclidean Steiner minimum trees [C]//Proceedings of the 32nd Annual IEEE Symposium on Foundations of Computer Science (FOCS'91), 1991: 431-439.

[71] BERMAN P, RAMAIYER V. Improved approximations for the Steiner tree problem[J]. Journal of Algorithms, 1994, (17): 381-408.

[72] DU D Z. On component-size bounded Steiner trees[J]. Discrete Applied Mathematics, 1995, (60): 131-140.

[73] HOUGARDY S, PRÖEL H J. A 1.598 approximation algorithm for the Steiner problem in graphs[C]//Proceedings of the 10th Annual ACM-SIAM Symposium on Discrete Algorithms (SODA 1999), 1999: 448-453.

[74] LIN G H, XUE G L. Steiner tree problem with minimum number of Steiner points and bounded edge-length[J]. Information Processing Letters, 1999, (69): 53-57.

[75] CHEN D H, DU D Z, HU X D, et al. Approximations for Steiner trees with minimum number of Steiner points[J]. Journal of Global Optimization, 2000, (18): 17-33.

[76] PAPADIMITRIOU C H, STEIGLITZ K. Combinatorial Optimization: Algorithms and complexity[M]. New York: Dover Publications, Inc., 1998.

[77] COFFMAN E G, GAREY M R, JOHNSON D S. Approximation algorithms for bin packing: a survey, in the book "approximation algorithms for NP-hard problems"[M]. Boston: PWS Publishing, 1996: 46-93.

[78] SIMCHI-LEVI D. New worst-case results for the bin-packing problem[J]. Naval Research Logistics, 1994, (41): 579-585.

[79] KRUSKAL J B. On the shortest spanning subtree of a graph and the traveling salesman problem[C]. Proceedings of the American Mathematical Society, 1956, (7): 48-50.

[80] SCHRIJVER A. Combinatorial optimization: polyhedra and efficiency[M]. The Netherlands: Springer, 2003.

[81] PAPADIMITRIOU C H, YANNAKAKIS M. The clique problem for planar graphs[J]. Information Processing Letters, 1981, (13): 131-133.

[82] GAREY M R, JOHNSON D S. The rectilinear Steiner tree problem is NP-complete[J]. SIAM Journal on Applied Mathematics, 1977, (32): 826-834.

[83] ABU-AFFASH A K. On the Euclidean bottleneck full Steiner tree problem[C]. SoCG' 11 Proceedings of the 27th Annual ACM Symposium on Computational Geometry, 2011: 433-439.

[84] ARORA S, Lund C, MOTWANI R, et al. Proof vertification and hardness of approx-

imation problems[J]. Journal of the ACM (JACM), 1998, (45): 501-555.

[85]   LI C S, TONG F F K, GEORGIOU C J, et al. Gain equalization in metropolitan and wide area optical networks using optical amplifiers[C]//Proceedings IEEE INFO-COM'94, 1994: 130-137.

[86]   RAMAMURTHY B, INESS J, MUKHERJEE B. Minimizing the number of optical amplifiers needed to support a multi-wavelength optical LAN/MAN[C]//Proceedings IEEE INFO-COM'97, 1997: 261-268.

[87]   LU C L, TANG C Y, LEE R C T. The full Steiner tree problem[J]. Theoretical Computer Science, 2003, (306): 55-67.

[88]   LIN G H, XUE G L. On the terminal Steiner tree problem[J]. Information Processing Letters, 2002, (84): 103-107.

[89]   ROBBINS G, ZELIKOVSKY A. Improved steiner tree approximation in graphs[C]. SODA '00 Proceedings of the Eleventh Annual ACM-SIAM Symposium on Discrete Algorithms. Pennsylvania, 2000: 700-779.

[90]   FUCHS B. A note on the terminal Steiner tree problem[J]. Information Processing Letters, 2003, (87): 219-220.

[91]   DRAKE D E, HOUGARDY S. On approximation algorithms for the terminal Steiner tree problem[J]. Information Processing Letters, 2004, (89): 15-18.

[92]   MARTINEZ F V, PINA DE J C, SOARES J. Algorithms for terminal Steiner trees[J]. Theoretical Computer Science, 2007, (389): 133-142.

[93]   LIN Z Y. Terminal Steiner tree with bounded edge length[C].Proceedings of the 19th Annual Canadian Conference on Computational Geometry, 2007: 121-123.

[94]   何帅. 网络中路的构建问题 [D]. 昆明: 云南大学, 2011.

[95]   PRIM R C. Shortest connection networks and some generations[J]. Bell System Technical Journal, 1957, (36): 1389-1401.

[96]   谢政. 网络算法与复杂性理论 [M]. 长沙：国防科技大学出版社, 2003.

[97]   KAPLAN H, KATZ M J, MORGENSTERN G, et al. Optimal cover of points by disks in a simple polygon[J]. SIAM Journal on Computing, 2011, (40): 1647-1661.